좌뇌우뇌
밸런스 육아

좌뇌형 승무원 엄마와 우뇌형 작곡가 아빠의 '전뇌육아' 프로젝트

좌뇌우뇌

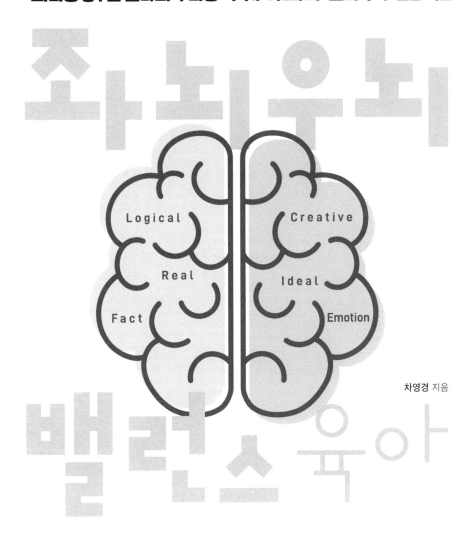

Logical   Creative

Real   Ideal

Fact   Emotion

차영경 지음

밸런스육아

bs
브레인스토어

행복한 천재로 키우는
전뇌육아의 힘

"만일 한 어린이가 착한 요정의 도움 없이도 자연에 대한 타고
난 경이의 감정을 지킬 수 있으려면, 그러한 감정을 함께 나눌
한 명 이상의 어른이 필요하다."

환경 운동가 레이첼 카슨은 《센스 오브 원더》(에코리브르)라
는 책에서 어른 한 사람과의 친숙함을 강조한다. 하지만 한 사람
이 아닌 두 사람의 친숙함을 아이에게 줄 수 있다면 그 아이는 어

떻게 될까?

'독박육아'라는 신조어는 농담 같은 단어조합이지만 절규의 눈물을 혼자 뒤집어 쓴 슬픈 단어다. 최소한 어른 한 사람이라도 친숙하게 지낸다면 독박육아로서도 아이를 잘 키워낼 수 있다. 하지만 엄마 아빠가 할 수 있는 자신만의 개성대로 서로의 차이를 인정하고 함께 아이를 키운다면 전뇌육아의 놀라운 효과를 볼 수 있다.

세상은 현실과 이상을 나누고 삶의 성공과 실패를 계속 저울질한다. 자신이든 타인이든 자꾸만 좌,우 어느 쪽에 넣거나 가르는 편 가르기, 이분법적 사고방식이 습관처럼 굳어버렸다. 혈액형으로 성격분석하며 흥미로워하는 것은 재미로만 했는데 어느덧 MBTI나 애니어그램으로 전문적인 나누기를 해야만 아이 교육을 할 수 있다고 한다. 사실 인간은 다양한 환경 자극으로 영향 받아 계속적으로 달라진다. 결혼과 자유는? 육아와 여유는? 교육과 놀이는? 계획과 창의성은? 좌뇌와 우뇌는? 이러다 우리는 끝도 없는 차이에 나누기만하다 인생은 끝날 것이다.

하지만 실제는 둘은 명확하게 나누어지지 않고 그 조화 속에서 세상이 돌아간다. 이제는 엄마와 아빠의 뇌가 통합하여 아이를 키워야 한다. 두 개성이 함께하여 아이를 양육해야 전뇌육아 프로젝트의 효과를 기대할 수 있다.

부부는 각자 고유한 개성이 있는 존재였다. 그러나 아이를 낳고 육아를 하면서 갑자기 여자는 엄마로 남자는 아빠로 자신의 색깔이 없는 '역할'로만 평가받는다. 아이를 낳기 전의 빛나던 두 사람은 다 어디로 갔을까?

아이를 키우려면 부모 자신이 먼저 자신을 이해하는 과정을 통해 내면의 통합이 이루어져야 한다. 그것을 토대로 서로를 인정하려 노력해야 조화로운 아이를 키워낼 수 있을 것이다.

육아서를 보고 따라했지만 내 아이는 안 되더라 책은 책일 뿐이더라 하며 좌절하는 엄마들의 이야기를 수없이 들어왔다.

이 책은 지금까지 부모노릇에 지친 우리들에게 조화로운 삶을 위해 가족 간 협력을 억지로 강요하기 보다는 세상을 바라보는 관점을 조금 더 여유 있는 시선으로, 부모의 관점을 전환하기를 제안하려는 책이다.

아주 약간의 조정만으로도 효과는 충분하다. 그것만으로도 상황이 우리의 감정을 유발하는 것이 아니라 그에 대한 우리의 '해석'이 우리가 느끼는 감정과 경험을 다 결정하고 있있다는 것을 알게 될 것이다.

뇌과학과 명상을 통해서 우리는 우리 자신이 가지고 있는 내면에 대해 아직 너무 잘 모른다는 것을 잘 알게 되었다.

좌뇌에 갇혀 혹은 우뇌위주로 방향 없이 그냥 흘러가기만 하자는 것이 아니라 내 안의 두 가지 아니 무한의 힘을 균형 있게 꺼내 쓸 수 있음을 인지하며 살려고 하는 나의 이야기를 하면서 육아에 힘들어하는 부모들과 이 시기를 현명하게 보내자고 이야기해 본다.

책에서 말하는 좌뇌형 엄마 우뇌형 남편은 단순하게 서로의 개성을 나누어 이야기했지만 사실은 서로 다른 엄마, 아빠 양쪽 뇌가 함께하는 전뇌육아를 이야기하기 위해 상징적으로 쓴 용어이다.

나는 뇌과학자가 아니다 심리학자, 육아전문가도 아니다. 나는 두 아이를 키우는 평범한 엄마이다. 아이를 잘 키우고 싶어 책을 읽고 공부하는 엄마다.

나는 아픈데 처방약을 주는 의사같은 전문가의 이야기보다, 평범한 엄마들의 입장에서 육아에 대한 이야기를 하고 싶었다.

그리고 나는 자책맘이었다. 잘하고 싶었다. 부족했던 어린 시절을 나 자신과 싸워가며 이겨내고 만들어왔던 그동안의 노력으로 육아도 잘하고 싶었다. 책을 읽고 정보를 얻고 아이와 소통하면서 몸으로 노력하고 온 귀와 눈이 아이를 향해 24시간 최선을 다해 움직이면서 잘 키워보려고 노력했다. 그러다 엄마인 나 자신을 전혀 돌보지 않은 것을 알아채지 못했다.

이 책에서는 전직 승무원이었던 좌뇌형 엄마와 작곡가인 우뇌형 남편의 결혼과 육아에서 빚어지는 차이와 갈등을 넘어서 어떻게 균형 잡힌 전뇌육아를 할 수 있는지 그 과정을 나누려고 한다.

육아로 인해 고민하고 있는 많은 초보 부모들에게 이 책은 작은 도움을 줄 수 있을 것이다.

2021년 차영경

CHAPTER 3
우뇌형 작곡가 아빠의 육아

CHAPTER 4
함께하는 육아

CHAPTER 1

나와
아이를 위한
전뇌육아

1-1

행복한 천재를 위한
전뇌육아

알면서도 당하는 과잉양육의 시대

아동심리학의 거장 데이비드 엘킨드는 부모들이 아이들을 각종 과외활동으로 그들의 자유시간을 빼곡히 채워 넣는다며, '과잉양육'을 지적했다.

미국은 산업화의 영향과 1960년대 교육 커리큘럼 개선운동으로 학교의 교육도 공장식 모델로 바뀌어, 아이들이 재촉받게 됐다. 그리하여 선진국은 물론 개발도상국도 조기교육열풍이 뒤이어 불어 닥쳤다. 또한 보육시설에서의 유아 교육이 확대되었고, 기업들의 아동 시장을 겨냥한 갖가지 학습 보조물이 넘쳐나게 되었다. 컴퓨터를 비롯한 전자기기에 익숙해진 아이들의 교육은 점점 실외보다 실내에서 이루어지게 됐다. 이런 미국의 교육 환경에 아이들이 재촉받고 다그침 받으며 자라는 현실을 강하게 비판했던 데이비드 엘킨드의 책은 무려 40년 전 1981년에 발간된 책이다. '과잉양육의 시대'는 아직도 계속되고 있는 것일까?

이야기를 한국으로 돌려보자. 한국의 사교육 열풍은 어제 오늘의 일이 아니다. 한국교육개발원이 실시한 교육여론조사를 보면 초,중,고교생 가릴 것 없이 받는 사교육이 증가했다고 한다. 사교육은 여전히 아이들을 옭아매고 있다. 그 이유는 역시 남들에게 뒤처지지 않을까 라는 불안함이 자리잡고 있다. 코로나 19로 인한 학력격차가 더 늘어났다는 불안감이 아이들에게 더 많은 사교육을 받는 결과로 이어진 것이다.

아이들에게 '다 너희를 위한 거야'라는 말이 과연 위로가 될까?

우리나라의 뜨거운 교육열은 왜 더 심해지는지 생각해보면 한국 사회가 성취지향적이며 '빨리빨리'에 익숙한 문화가 속도를 재촉하기 때문일 것이다.

엘킨드는 성취욕이 강한 부모 유형을 언급했다. 자기처럼 성공하길 바라는 '미식가형 부모', 온실속 화초처럼 키우며 조기교육에 열 올리는 '대학 출신 부모', 세상의 위험과 육체적 생존기술을 가르치는 '개척형 부모' 성공한 부모로 기존교육체계 의심하며 학교의 부정적 효과로부터 보호하려는 '신동 부모'까지 총 4가지 유형이었다.

어찌 보면 우리 주변에서 흔히 발견할 수 있는 부모 유형이었는데 솔직히 나는 이 모든 유형에 조금씩 속해있는 듯 느껴졌다. 이 모두가 통제형 부모들의 유형이다. 이런 통제형 부모 아래 자라는 아이들의 스트레스는 점점 커져 사회문제를 야기한다고 하는 그의 이론에 나는 최고의 교육열을 자랑하는 우리나라의 부모들이 그가 말하는 이 성취욕이 강한 부모에 거의 속해있지 않나 하는 생각이 들었다.

세계에서 가장 우수한 학업성적을 자랑하는 한국 아이들이 행복지수가 OECD 22개국 가운데 거의 꼴찌인 20위를 차지하고, 청소년 사망원인 1위가 자살인 지금, 코로나 19라는 재난을 겪은 후 성취욕 강한 한국의 부모들과 함께 자라는 아이들은 행복할 수 있을까? 학업 스트레스와 가족 내 소통 부재로 힘들어하는 아이들 옆에서 자기도 모르게 통제형 부모로 사는 것은 아닌지 생각해 보아야 한다.

뇌는 '빨리빨리'를 싫어한다.

'빨리빨리'를 외치는 문화에 살고 있어 익숙해진 한국인만의 속도감은 어떨까?

우리는 보통 성격을 이야기할 때 주로 속도에 대해 비교를 한다. 느리게 말하거나 천천히 시간을 들여 움직이는 사람에 비해 무슨 일을 해도 빨리하는 것을 선호하거나 급한 마음에 다른 사람의 느림을 참기 힘들어 하는 모습이 자주 보인다면 그 사람은 '성격이 급하다'고 표현한다. 실제 많은 외국인이 우리나라에서 받은 인상에 '빨리빨리'문화를 꼽는다. 한국인이 정말 다 성격이 급한 걸까?

많은 외국인과 한국인 손님들을 대하며 비행했던 나의 개인적인 생각은 한국인은 외국인보다 평균적으로 어떤 일이 빨리 해결되길 기대한다. 자신의 성격이 느리든 급하든 관계없이 어떤 일의 결과는 빨리 받게 되는 것을 당연하게 생각하도록 우리는 아주 빨리 길들여졌다.

승무원 일을 하며 세계 각지를 다니다 보면 한국의 빠른 속도를 체감하기 쉽다. 물론 신입 때는 해외의 여러 풍경에 반해 여유로움을 즐겼지만, 갈수록 참을성이 없어지는지, 다른 나라의 공항 입국심사, 음식 주문 등 모든 일이 느려 불편함을 느낄 때가 많아졌다. 그 이유는 한국의 신속한 시스템 때문이었다. 편리한 시스템이지만, 그런 빠른 속도를 자라고 있는 아이들에게 적용하면 문제가 된다.

인간의 성장 발달, 두뇌 발달은 먼저 시작해서 경쟁하며 빨리 달리는 게임이 아니다. 그렇지만 부모는 만성적인 불안감이 쌓여있다. 입시가 닥쳐올 미래를 대비하기 위해 아이들의 어린 시절부터 누구보다 일찍 시작해야 한다고 떠들어대는 소리에 엄마들은 무의식적으로 프로그램되어 정보사냥에 나선다. 부모는 자신이 통제하는 유형인지, 조절하는 유형인지 알아볼 여유조차 없이 달린다. 그러다 어느 날 문득 스트레스 가득한 아이를 바라보며 잃어버린 시간을 후회하게 될지도 모른다.

유치원 이전부터 사교육에 바빠 놀이터에서 아이들을 볼 수 없게 된 것은 어제오늘 일이 아니다. 학교 성적을 위해, 좋은 대학에 가기 위해, 학군 때문에 이사하고, 점점 비싸지는 학원 때문에 돈을 더 많이 벌어야 하니 부모는 일하느라 더 아이와 시간을 보낼 여유가 없다. 온 가족은 모든 인생의 무게를 아이의 입시를 목표로 총력을 기울인다.

이렇게 아이를 낳고 온 관심을 학업에 쏟고 있지만, 많이 비뚤어지고 균형을 잃어버린 교육 현실을 바라본다. 성취 지향적, 빠른 성장, 경쟁 위주의 교육으로 인해 우리가 놓치게 된 것은 무엇일까?

나는 나를 더 알고 싶어서 뇌를 들여다보면서부터 뭔가 잘못된 느낌을 실감했다. 실제 우리의 뇌 자체는 학습에 관심 없다는 것이다. 뇌는 궁극적으로 생존을 목표로 하기 때문이다.

미국의 신경과학자 폴 맥린의 '삼위일체 뇌(Triune Brain)' 이론에 따르면 파충류형 뇌는 인간이 진화하면서 가장 먼저 발달한 뇌로, 우리 뇌의 가장 안쪽(뇌간)에 자리하고 있다.

파충류형 뇌는 생존을 최종 목표로 하고 있어서 우리가 배우는 이유는 바로 살아남으려는 본능적인 뇌의 성질 때문이라는 것이다.

뇌에 대하여 알게 되면 무리한 학습으로 인해 아이들을 힘들게 만드는 것보다 안전하고 편안한 환경을 최우선으로 만들어주는 것이 필요하다는 것을 알 수 있게 된다.

행복하기 위해 배운다

최근 '공부정서' 라는 것이 요즘 엄마들 사이에서 알려지게 되었다. 《완전학습 바이블》(다산북스)의 저자 임작가는 한번 망가진 공부정서는 쉽게 회복이 안 된다며 부모의 잘못된 양육방식을 바꾸어야 무너진 공부정서를 회복할 수 있다고 했다. 공부에 대한 마음, 공부에 대한 느낌이 부정적으로 되면 같은 시간을 공부해도 효율이 나지 않는다. 그의 유튜브 강의 속에 담긴 많은 교육지식에 열광하며 공부하며 자신을 돌아보는 부모가 늘어가는 것은 우리나라 엄마들의 열정과 변화의 모습을 엿볼 수 있다. 학습에 대한 이론과 지식을 갖춘 부모가 이제 더 나갈 길은 배움의 진정한 목적을 생각해 보는 자신만의 시간을 가지는 것이라 생각한다.

배움의 목적을 옛 선비들은 수기지학(修己之學)에 두고 있었다. 수기지학이란 배움의 목적을 자신을 닦는데 두고 있다는 말이다. 아이를 가르치는데 필요한 양육지식은 물론 지식을 통해 나 자신을 자각하고, 함께 하는 사람들과 조화로운 관계를 이어나가는 것이 배움의 목적이라 생각한다.

나는 뇌와 마음을 들여다보는 지식을 모으는 과정을 통해 나를 채우면서 나를 더 이해할수 있어 만족을 얻게 되었지만, 남편은 자신을 들여다보는 과정에 자신을 비우고 버리고 단지 바라보는 것으로서 자신을 더 이해할 수 있었다고 말한다. 각자 배움의 방법이 다르고 만족을 얻는 과정이 다를 수 있다. 모든 이의 삶이 다 똑같지 않듯이 그런 다름의 모습들을 이해하는 과정도 배움이 될 수 있다. 배움의 목적은 삶의 목적과도 일치한다고 한다.

자신에 대해 이해하고 그것을 통해 자신과 타인에게 영향을 미치는 것이 자연스러운 배움인데 부모가 개입해 자기 삶의 목표를 아이들에게 '행복'을 가져다준다며 강제로 벼랑으로 내몰 수는 없다. 행복하게 살기 위해서 배우는 것이지만 배우는 과정에서도 더 행복을 느낄 수 있다.

근데.... 행복은 뭘까?

우리는 이 '행복' 때문에 불행하다. 불행의 시작은 '행복'에 대한 오해 때문에 발생한다고 생각한다. '무엇을 해야지 행복하다'는 이 오해 때문에 뭔가를 해야 한다는 강박에 빠지게 된 것이었다. 성취가 이루어져야 행복하다고 생각했던 것이다.

모두가 행복을 원하지만, 행복에 대해 물어보면 명확히 답변할 수 있는 사람이 몇이나 될까? 이처럼 자녀를 행복한 천재로 키우고 싶은 부모는 먼저 '행복'에 대해서 반드시 생각해 보아야 할 것이다.

행복은 순간적인 기쁨을 넘어서 전반적이며 지속해서 만족하는 심리 상태다. 성취에 이르면 바로 느껴지고 마는 감정이 아니다.

나의 지금 삶이 행복하다는 것을 아는 사람은 그 행복한 상태에서는 무엇이든 할 수 있다. 지금 하는 일이든 공부든 뭐든지 그런 태도로 임한다면 결과는 분명히 만족스러울 것이다.

아이들을 행복한 천재로 키우기 위해 나는 내가 지금 가진 행복을 발견해 나가기로 했다. 부모가 여유를 가지고 현재를 천천히 바라보고 음미할 수 있다면 그 상태를 아이들도 함께 느낄 수 있게 된다. 속도와 성취에 치우친 발전은 현재의 풍경을 아무것도 담지 못한다. 행복은 그 풍경을 하나하나 보는 순간에 가질 수 있다. 멈추고 천천히 바라보자. 내가 지금 가진 행복, 내 아이가 지금 주는 행복을 충분하게 바라봐주고 기뻐하자.

지금 무엇이든 자신의 마음을 설레게 하는 일이 있는지 묻고 싶다. 아이도 부모도 말이다. 희망의 꿈을 꾸는 상태에서 가장 행복할 수 있다. 우리는 아이들 각자 나만의 꿈을 꾸며 현재의 풍경을 즐기며 자라는 행복한 천재로 키울 수 있다. 지금의 여정이 행복한 순간임을 알고 있는 부모라면 아이도 그렇게 자랄 것이다.

1-2

나를 위한
전뇌육아

어느 날 피를 토하다

첫아이의 유치원 졸업식 일주일 앞두고 책을 읽던 나는 기침을 하기 시작했다. 엎드려 책을 보다가 가래 때문인가 하며 기침하다 나오는 무언가를 뱉는데 깜짝 놀랄 만큼에 핏덩어리가 나왔다. 그리고 계속 무언가가 계속 가슴에 걸려 기침으로 튀어나왔다.

기침 감기가 몇 달이 지났지만 계속됐다. 낮에는 아무렇지 않다가 누우면 기침이 나는 날들이 지속되었지만 나는 나를 내버려 두었다. 내가 눕지 않으면 자지 않겠다는 아이 둘 사이에서 요를 깔고 늘 발에 뼹뼹 차이면서도 아이들의 이불을 덮어주느라 자는 건지 마는 건지 알 수 없는 상태로 나는 늘 수면 부족이었다.

놀라서 남편을 깨웠다. 잠이 덜 깬 남편은 놀라 어쩔 줄 몰랐다. 피가 계속 나는 것은 아닌 것 같다고 나는 남편을 안심시켰다. 그리고 내일 병원에 가보자고 일단 새벽이니 잠을 자자고 했다. 그렇게 나는 놀란 상태에서도 내일의 일상이 망가질 것을 걱정했다. 일단 아이들이 놀랄 것이고, 여러 가지 계획되지 않는 일정이 불편하게 느껴졌다.

남편은 검색하며 여러가능성을 알아보느라 오히려 잠을 자지 못했다.

나는 그 와중에도 잠을 잤다. 괜찮을 거야 하고 가슴에 피를 안고 잠을 잤다. 둔한 건지 낙천적인 건지 미련한 건지 용감한 건지 무식한 건지 바보인지….

그리고 다음날 병원에서는 '기관지 확장증'라는 진단을 했다. 심각한 구멍들이 나의 폐에 뚫려있었다. 그리고 그 확장된 기관지는 다시 좁아질 방법이 없다고 했다. 늘어난 기관지 부위에 염증이 생기고 고름이 차서 혈관에 침범하면 피가 나올 수 있는 상태. 나는 여러 군데의 기관지가 망가져 있었다.

어린 시절의 결핵을 앓고 치료한 적이 있어 나는 나의 폐가 흔적이 있는 것은 알고 있었다. 하지만 밤을 새우고 뒤죽박죽 바뀐 시계로 살았던 승무원의 십여 년의 시간동안 나는 매년 건강검진에도 문제가 없었다. 일할 때는 비행 전후는 무조건 쉬었다. 일과 휴식의 균형이 가능했던 혼자의 삶이었다.

그러나 아이를 키울 때는 나는 내 몸을 크게 돌보지 않았다. 그리고 육아로 인한 남편과의 의견 충돌로 우울할 때가 많았다. 가끔 내가 타들어 가는 마음을 어쩌지 못해서 속이 썩어가고 있다 생각이 들 그때, 내 속은 생각한 만큼으로 엉망이 되어가고 있었고, 내 몸은 그것을 꺼내 생생한 핏빛으로 보여주었다. 내가 말한 대로 내 몸도 되어버린다는 것을 내 눈을 통해 똑똑히 보게 된 순간이었다.

바로 죽는 병이 아니라 다행이지만 나는 죽음을 생각했다. 이 삶의 끝을 생각했다. 붉은 피를 내 손에 쏟고 나면 제정신이 번쩍 들게 된다. 나는 그날 이후에도 어쩌다 한 번씩 새벽에 기침으로 깨어나 내 가슴에 난 미세한 구멍에서 쉬이이~ 하는 소리가 느껴지듯 새어나가는 피들을 토해냈다. 어디가 아픈 게 아닌데 다리가 떨려서 서 있을 수가 없었다. 지혈이 안 되면 큰일인데 새벽에 구급차를 불러야 하나 얼마나 더 쏟아지나...

당장 죽는 것은 아니지만 지혈제만 먹으며 이렇게 겁에 질려 살다가 죽을 수는 없었다.

지금, 이 순간을 살지 못하는 나를 돌아보았다. 그동안 욕심을 채우려고 아등바등하는 나를 바라보고 나 없이 남겨질 가족들을 생각했다. 물건 중에는 아무것도 필요한 것이 없었다. 삶의 끝을 생각하니 나는 내가 다 주지 못했던 사랑밖에 생각나는 것이 없었다.

첫째가 이제 초등학교 입학인데 엄마의 도움을 줄 수도 없는 이런 몸이 되어서는 안 되는데 앞이 정말 캄캄해졌다. 하지만 받아들일 수밖에 없었다. 내가 만든 상황이기 때문이었다. 그리고 내가 다시 나을 수 있는 상황을 내가 만들어 내야 하는 것도 알았다.

나 혼자서 해낼 수 없었을 것이다. 남편의 위로와 따뜻한 배려 그리고 아이들도 엄마의 건강 문제를 이해해 주었다. 그리고 나는 또 한 사람의 도움이 절실히 필요했다.

처음에는 걱정하실까 봐 말씀을 못 드렸지만 나는 엄마에게 정신적 위로를 받고 싶었다. 병원에서는 지혈제 외에 나에게 처방할 약이 없다고 했지만 엄마가 수소문해서 보내주신 도라지를 약처럼 먹으면서 증상이 크게 완화되었다. 엄마의 에너지 나를 위해 보내는 에너지를 느끼고 나는 자주 눈물이 났다.

엄마에게서 사랑의 에너지를 느꼈다. 그 마음을 느끼고 힘을 얻었다. 내가 혼자서 힘을 내어 내 사랑을 끌어내어 아이들에게 쏟아붓기에는 내가 에너지가 부족해서 너무 미안했던 그때, 엄마를 생각하니 나는 오래오래 건강하게 살아 아이들이 어른이 되어도 내가 받은 사랑을 지금 내 엄마처럼 전해줄 수 있는 건강한 엄마가 되고 싶었다.

나를 돌보고 나니 알게된 것들

아프고 나니 남편의 소중함도 더 절실히 느꼈고 아이를 위해 나만큼 할 수 있는 사람은 남편뿐이라는 것, 나와 진정한 한 팀이라는 것을 그때 절실히 깨달았다. 서운하고 원망했었던 마음이 눈 녹듯 사라지고 아파서 할 수 없는 나의 모든 것을 대신해 주려고 최선을 다하는 모습에 감사함이 더 커져만 갔다.

그리고 2년이 지났다. 내 몸이 하는 소리를 들으며 졸리면 자고 충분히 쉬고 욕심을 내지 않으며 마음을 편히 가지면서 사는 동안 알게 되었다. 내가 카페인으로 나를 최대치 이상으로 끌어올려 살려고 했던 것을 알게 되었다. 내 현재 그 이상의 나를 만들려고 노력하는 것은 나쁜 일이 아니지만, 끼니를 챙겨 먹고 충분히 휴식을 통해서가 아니라 에너지를 쥐어 짜내는 카페인만으로 내가 강제로 깨어있게 채찍질했던 것을 말이다. 내 의지는 몸과 뇌와 전혀 소통하지 않았던 것을 알았다.

내가 머리로 삶을 살고 아이들을 대할 때 나는 계획, 통제, 지시, 관리의 좌뇌의 지휘 아래 매일 매일 쫓기듯 달리며 살았다. 더 행복하고 싶어서 더 미래를 생각하다 불안해했다. 현실만 탓했다. '화'라는 배에 올라타 파도에 마구 흔들리며 내릴 방법을 몰랐다.

　내가 가슴으로 삶을 살고 아이들을 대할 때 나는 자유, 존중, 인정, 연민, 수용의 마음으로 매일 편안했다. 나와 타인을 바꾸려고 통제하지 않는 것에서 행복이 이렇게 쉽게 얻어질 줄은 몰랐다. 올라탔던 '화'라는 배에는 내가 스스로 내면의 충전을 한 후 다시 그 배에서 내릴 수 있었다.

　나의 뇌와 가슴을 받아들이고 나를 만나는 시간을 가지니 아물어갔다. 남편과 아이도 그 자체로 감사함으로 안을 수 있는 더 따뜻한 사랑이 채워졌다. 다른 사람을 통제해 내가 원하는 대로 조종하는 것이 사랑이라고 착각하고 있었다.

　사실 다른 사람(아이, 남편, 다른 모든가족, 친구, 이웃, 그 누구도)은 바꿀 수 없었다. 바꿀 수 있는 유일한 것은 내 마음뿐이었다. 내 마음을 바꾸니 관계가 회복되고 회복된 관계에서 아이도 마음을 열고 함께 나아가고 싶어 한다는 것을 느끼게 되었다.

　내가 마음에 들어 하지 않던 아이들의 모습도 어느 순간 돌아보면 내가 원하는 그런 모습이 되어있었고 우리는 한 팀으로 협력하며 나아가고 있었다.

전뇌육아의 시작은 단지 내 마음을 바꾸는 것뿐이었다.

1-3
좌뇌형 엄마와
우뇌형 아빠의 만남

무대와 객석

남편과 나는 아주 우연히 하지만 아주 계획된 듯이 만났다.

오래전부터 회사 동기 중 한명이 가수 김연우 씨와 친분이 있어 알고 지내던 사이였다. 어느 날 김형중 씨의 크리스마스 공연에 게스트로 노래하실 예정이라며 초대받게 되었다. 콘서트가 끝나고 2회차 공연 시작 전, 잠시 근처 쌀국수를 함께 먹으러 가자고 했고 콘서트에 함께 게스트로 노래한 친구도 같이 저녁을 먹자고 하여 그는 내 앞자리에 마주 앉게 되었다.

그때 인도여행 이야기를 나와 나누게 되었는데 내가 비행으로 다녔던 그 인도의 이미지와 완전히 다른 여행경험 이야기를 꺼내는 것에 깜짝 놀라고 신선했다. 그리고 그의 생각들과 여행 에피소드가 더 듣고 싶었는데 공연 때문에 아쉽게 헤어져야했다.

나는 같은 장소를 여행해도 다른 것을 보는 나와 다른 남자가 무척 흥미로웠다. 그의 세계가 궁금했다.

일과 결혼

남편과 나는 나이는 내가 3살 아래이지만 사회생활을 시작한 시기는 비슷하다. 1996년 유재하 음악경연대회 대상 수상으로 데뷔해서, 1997년 11월 자화상 1집을 나원주 씨와 함께 내며 활동을 시작했다. 나도 대학 4학년이었던 1997년 11월에 회사에 입사했다. 우리는 공교롭게도 똑같은 시기에 사회에 첫발을 내밀었고 각자의 공간에서 자신이 사랑하는 일을 계속 해왔다. 그 후 십 년 뒤, 두 사람이 우연히 만나 결혼을 했고 아이를 낳고 부모가 되었다. 그 과정에서 나는 육아휴직을 시작했고 둘째까지 낳고 전업주부의 삶을 택해 살게 되었다.

그런데 왜 나만 육아나 출산으로 좋아하는 일을 그만두어야 하냐고 억울해하지는 않았다. 아티스트라는 '나의 일'을 가진 남편의 경우와 회사라는 곳에 취직해서 그곳을 나오면 할 일이 없어지는 '남의 일'을 하는 내 경우가 안타깝지만 다를 수밖에 없다는 차이를 인정했기 때문에 받아들일 수 있었다. 그리고 나도 그런 대체 불가능한 일을 하는 남편처럼, 언젠가는 좋아하는 일에 나만의 기술을 가진 사람이 되고 싶다고 생각했다.

"왜 돈 버는 음악은 안 된다고 생각하세요?"

지금의 남편에게 한 말이다. 사슴 같은 눈에 법 없이도 살 것만 같은 그 남자는 마음속 사랑은 가득했지만, 현실은 냉정한 것이라 생각했다. 이상적인 음악과 현실적인 삶은 같이 존재할 수 없다는 말을 했다. 자신은 가족을 부양하는 가장이 된다면 음악을 할 수 없을 것 같다고 했다. 책임감 있는 아빠가 되는 것과 소신을 가진 자유로운 음악의 꿈은 함께 할 수 없을 것 같다고 생각했다. 연애는 해도 결혼은 안하겠다는 소위 말하는 나쁜 남자였다.

그런데 꿈을 위해 현실의 삶을 뒤로하고 싶다던 그 남자는 어떻게 변하게 되어 결혼을 하게 되었을까? 음악을 위해 여행하듯 혼자만의 자유로운 창작을 이어갔을 자신의 모습과 두아이의 아빠로 음악하는 자신의 모습을 지금은 어떻게 생각할까? 결혼을 안했으면 정말 후회했을 거라며 아이들을 보면서 남편이 혼잣말 할 때가 가끔 있다. 정말 자유와 결혼, 현실과 예술은 함께 할 수 없는 것일까?

미래의 나를 잠시 보러 갔다올 순 없을까? 현재의 불필요한 불안을 잠재 울 수 있지도 모른다.

현실적인 문제의 벽은 꽤 높다. 그러나 그 벽은 현실의 벽이라기 보다는 나의 불안, 좌뇌가 만든 나의 생각의 벽일 때가 많다. 단순히 좋아하는 일을 선택하면 현실적인 문제에 부딪힌다. 좋아하는 일이 곧바로 경제적인 안정을 주지 못할 때가 실제로 많기 때문이다. 그래서 좋아하는 일 보다 당장 할 수 있는 일을 시작하고 나면 그 안전지대를 버리고 홀로서기가 점점 두려워지게 된다. 음악이나 예술쪽을 직업으로 하는 경우에 그런 고민을 많이 하게 된다. 일단 다른 일을 시작하면 음악을 할 시간적 여유가 적어진다. 그러면서도 절실하게 음악을 이어가는 사람들도 있지만, 꿈을 포기하고 현실에 안주하는 사람들을 우리는 더 흔하게 발견하게 된다.

그럼에도 불구하고 지속적으로 그 분야의 경험을 쌓고 전문성을 키운다면 차별화된 자신만의 대체되지 않는 일은 분명히 시간이 갈수록 돈으로 따질 수 없는 높은 가치를 가지게 될 것이다.

그런데 자신이 좋아하는 일에 시간을 들여 전문적인 실력을 쌓아가는 남편과는 다르게 나는 시간이 갈수록 좋아하는 일과 멀어져 살림과 육아 등 내가 해야 할 일만으로도 하루가 모자랐다. 내 이름이 아닌, ○○엄마 ○○아내로서의 삶의 의무만 가득찬 현실 속에서 살았다. 결혼이라는 제도 속에서 안정을 원했고 가족을 만들고 내 안의 사랑을 더 꽃피우며 행복하기를 원했지만 내가 좋아하는 일에서 나만의 가치를 찾아내는 것에서는 완전히 멀어져버린 것 같았다.

좌뇌 우뇌는 서로 연결되어 있다. 한쪽이 다치거나 문제가 발생하면 처음에는 기능의 이상이 보여 운동과 신경에 차이를 보이지만, 다른 하나가 보완해 그 역할을 해내며 뇌는 다시 스스로 균형을 찾아간다. 나는 내가 선택한 주부로서의 삶에서도 쉽게 균형을 찾을 수 있을 줄 알았다.

결혼하기 전에는 각자의 스토리를 만들어온 우리가 부부가 되면서 그 균형을 맞추는 것은 저절로 이루어지지 않았다. 힘들고 고통스러운 과정도 겪어야 했다. 소중한 내 미래에 대한 꿈이 있다면 결혼과 육아 그리고 나 자신을 위한 균형잡힌 삶을 위해 '올바른 형태'의 시간 투자가 필요했다.

최근 널리 알려진 '1만 시간의 법칙'이 있다. "꾸준히만 하면 목표에 도달할 것이다." 그 말은 틀렸다고 한다. 실제 30년이 넘도록 그 연구를 한 안데르스 에릭슨은 최고와 나머지를 가르는 차이가 선천적인 재능이 아니라 '올바른 형태'의 훈련과 연습이라고 하며 《1만 시간의 재발견》(비즈니스북스)이라는 책을 썼다.

일단 그럭저럭 '만족할 만한' 실력과 기계적으로 척척 하는 단계에 도달하게 되면 그 이후 '연습'은 실력향상이 안 된다는 것이다. 오랜 시간 걸렸다고 더 잘하게 되지 않는다는 이유는 향상시키려는 '의식적인 노력'이 없는 경우는 서서히 나빠지기 때문이라는 것이다. 좋아하는 자신만의 일을 가지고 있다고 해도 '올바른 형태의 훈련과 연습'이 필요하다는 것이었다. 나는 현재 아이를 키우는 엄마라는 인생에서 중요한 일을 하고 있다. 이 일은 단순히 좋아하는가 아닌가를 나누는 일이 아니다. 육아는 누군가에게는 억지로 해야 하는 현실일 수도 있고, 누군가는 자신을 발견하고, 성장하는 예술로 승화할 수도 있다.

그래서 나의 아이들에게 원하지 않는 일이라면 억지로 대기업이나, 연봉이 높은 곳에 취직을 강요하고 싶지 않다. 물론 자기가 좋아하는 일인데 회사에 입사해야만 경험할 수 있는 일도 있다. 나의 경우처럼 내가 승무원이 아니었다면 그렇게 많은 사람들과 교류하면서 영향을 주고받을 기회도 없었을 것이며 젊은 나이에 많은 곳을 여행할 기회는 갖기 힘들었을 것이다. 그런 일들을 하기 위해서는 분야에 따라서는 회사를 다녀보는 경험이 필요하다고 생각한다.

절실한 꿈이라면 미래에 대한 불안함과 걱정을 놓고 그 꿈을 향해 '제대로' 몰입할 필요가 있다. 자신만의 꿈을 꾸준히 갈고 닦아가는 의식적인 연습의 습관이 있다면, 나만의 특별하고 빛나는 무기를 갖게 될 것이다.

나와 다른 사람과 만나 함께 하면서 겪게 되는 과정을 고통으로 받아들이지 않는다면 재미있는 추억과 이야깃거리로 남게 될 것이다. 만약 당신이 어떤 책을 읽었을 때 '그녀는 태어나 결혼하고 아이 낳고 죽었습니다.'라는 내용이라면 아무도 관심 없을 것이다.

인간은 각자 책 한 권만큼의 멋진 스토리가 있다. 태어나자마자 부처가 되었으면 나는 부처님과 만나 할 말이 없을 것 같다. 보통사람의 이야기, 하지만 나만 할 수 있는 이야기.

나는 당신과 함께 수다를 떨 듯 삶에서 숨은 나 찾기 게임을 해왔던 이야기를 나누며 불완전한 인간이 함께 하면서 만드는 변화에 대한 이야기를 하려고 한다. 책에서는 편의상 좌뇌 우뇌로 엮지만 사실은 그것은 부분에 지나지 않는다.

결혼을 하고 부모가 된다는 것은 두 사람이 조화롭게 하나로 연결되어 험난한 파도 위에서 키를 놓지 않으면서, 그렇다고 파도에 저항하지도 않으며, 리듬에 맞춰 항해를 하는 지속하는 과정이라고 생각한다.

요가 명상을 모르는 내가 천천히 명상을 접해보고 감사에 푹 안겨 행복해지며 정신의 에너지가 한 단계씩 높아지는 엄마 되기 과정은 우뇌를 열어 현실 속에서도 평화를 누리는 마음 수련의 수행과정과 같아 보인다. 바라보는 시각을 연습하기 위해 글을 쓰게 되면서 뇌와 마음 그리고 인간 의식의 놀라운 능력들을 더 알아가게 되었다.

열어보면 모든 가정에 조금씩은 힘든 점들이 있다. 그것을 내가 어떤 시각으로 바라보는 가에 따라서 어떤 의식의 단계에서 보는가에 따라서 아이의 교육도 아이의 미래도 달라질 수 있다고 생각한다.

좌뇌 우뇌의 특징

얼핏 죽음에 관한 이야기인 것처럼 보이는 《나는 내가 죽었다고 생각
했습니다》(월북) 라는 책은 나에게 뇌 과학책에 관심을 더 하게 된 계기
가 되었다. '뇌과학자의 뇌가 멈춘 날'이라는 부제를 단 이 책은 저자 질
볼트 테일러 자신이 뇌졸중을 겪으며 4시간에 걸쳐 좌뇌의 기능을 천천
히 잃어가는 과정을 신경해부학자이기 때문에 섬세한 묘사로 표현했다.

저자의 경험에서의 통찰에 우리 뇌의 신비함을 느낄 수 있었다. 육체적
으로도 정신적으로 아팠던 나의 문제에 대한 해결점을 뇌에서 찾은 것 같
았다. 그녀의 이야기를 생생하게 들을 수 있는 테드 강연도 찾아보는 가
운데, 그동안 좌뇌 위주 균형을 잃은 사고가 나를 점점 고집스럽게 만들
어 자신을 아프게 만들기도 한 것을 알았다.

그리고 오로지 현재를 인식하는 우뇌의 경계 없음의 사고방식을 내 안
에서 더 찾아내 미래에 대한 불안을 줄이고 지금 이 순간에 사는 마음을
연습하고 있다.

좌우 뇌의 영역에 따른 기능이 다르다는 연구는 현재까지 다양하게 이
루어지고 있다. 질병이나 사고로 한 쪽 뇌가 역할을 하지 못한 환자를 대
상으로 이루어지고 있는데 최근에는 뇌의 특정부위가 꼭 해당 특정역할

을 담당하고 있지 않다는 연구결과도 많이 발표되고 있다.

우리는 좌우 뇌 두 가지를 다 가지고 있기 때문에 한쪽만 움직이는 경우는 거의 없다. 좌뇌에서 언어를 담당하지만 그것을 이해하고 다시 활용하는 순간에 우뇌의 도움을 받아야 하기 때문이다. 아울러 좌뇌는 논리적이고 우뇌는 창조적이라고 하지만 논리적일 때도 창조적인 사고를 하는 경우도 모두 좌우 뇌는 늘 함께 관여한다는 것이다.

좌우 뇌는 반으로 나누어져 뇌량으로 연결되어있는 구조상의 특징을 가지고 있으며 각각 수행하는 내용이 다른 것으로 알려져 있다. 아인슈타인의 뇌가 특별한 이유는 좌우 뇌를 잇는 뇌량이 특별이 굵었다는 연구 결과를 보면 알 수 있듯이, 뇌는 서로 상호보완하며 기능한다고 보아야 할 것이다. 하지만 양쪽이 긴밀하고 끊임없이 서로 정보교환을 하는 상황에 실제 인간을 완벽히 좌뇌형, 우뇌형 하고 딱 쪼갤 수는 없다는 것이 전문가들의 의견이다.

즉. 사람이 어떤 성향을 두드러지게 보일 때 '좌뇌에서 활성화된 어떤 성향'이라고 이야기해야 하나, 다소 긴 관계로 '좌뇌형'으로 책에서는 이야기하려 한다.

좌뇌형 - 체계적 논리적 구조적 연역적 계획 불안 평가 성과의 특징
우뇌형 - 창조적 비언어적 암묵적 귀납적 공상 유연 판단 없음의 특징

으로 서로 성향은 다르지만 뇌량을 통해 좌,우가 협력하며 뇌가 기능한다고 정리할 수 있겠다.

신경가소성 원리처럼 환경에 의해서 조금씩 더 강화되는 뇌 부분이 있으며 우뇌는 새로운 인식을 처리하고 좌뇌는 일상이 된 인식을 처리한다

고도 본다. 새로운 것을 배울 때 우뇌가 움직인다면 배운 것이 습관이 되고 난 다음 그때는 왼쪽에 저장되는 것이다.

오늘 아이를 위한다는 이유로 우리 아이의 행복을

몇 번이나 가로막았는가?

당신 옆 아이의 어깨가 축 처져 보이는 건 기분 탓일까?

CHAPTER 2

좌뇌형
승무원 엄마의
육아

2-1

승무원에서
엄마가 되다

　성공한 사람들이나 자신을 뛰어넘는 경험을 한 사람들 중에는 혈혈단신 타국으로 가서 자수성가하는 이야기들을 보게 된다. 외국은 아니지만 나도 서울에서 혈혈단신으로 삶을 시작했다. 그때가 나로 다시 태어나던 시간이었다.

　나는 엄마가 일하시느라 바빠서 혼자 있는 시간은 많았지만 매사 독립심이 강한 사람은 아니었다. 모험을 즐기지만 동네에서 위험하지 않게 살살 모험을 하는 쪽이라 대범하지도 않았고 큰 목소리로 남들을 이끄는 그런 스타일도 아니었다.

　인생에 나와 시간을 함께 나누는 친구가 중요하고 친구와 함께 하는 삶이면 뭐든지 좋았던 사람. 연결과 관계가 가장 중요했던 사람이었다.

엄마에게도 굉장히 어리광을 부리면서도 때로는 엄마 이야기를 잘 들어주는 막내딸이었고, 언니 앞에서는 뭔가 좀 부족하고, 어리바리한 동생의 모습이 내게 익숙했다. 대학도 집이 코앞이다 보니 어디 멀리 떠나 본 적 없이 집과 학교를 오가며 살고 있었다. 나는 그런 내 삶에 크게 불만은 없었다. 엄마와 언니로부터 내가 많은 것을 도움을 받고 있었으니 가족을 떠나 사는 것은 생각해 보지 못했었다.

나는 꽤 낙천적이었는데 그런 마음가짐은 정신적인 면에서 나의 엄마의 영향력이 아주 컸던 것 같다. 엄마가 "너는 언제나 운이 좋아"하고 주문을 외우듯이 하는 말이 나의 주문이 되뇌었다. 작은 일에도 나는 운이 좋은 것 같았고 그것에 감사했다. 내가 잘해서가 아니라 나에게 운이 내려진 것이니 열심히 노력은 하지만 운이 나빠도 화내지 말고 운이 좋을 때 진짜 감사하자는 마음이 강한 상태로 살아갈 수 있었다.

그렇게 살다 보면 나쁜 일은 신기하게 잊힌다. 운 나쁜 것을 굳이 생각하지 않으려 했다. 엄마가 열심히 저축하고 있어 나중에 쓸 돈이 많이 있을 거라고 자주 이야기한 것도 어린 나에게 안심이 되었다. 경제적으로 풍요롭지 못한 환경, 그런 것은 전혀 부끄럽게 느껴지지 않았다. 소유에 목말라하지 않았다. 소비하고 싶어 하지도 않았다. 나는 그저 그 상태에서 만족했다.

하지만 자라면서 내가 부족하다고 느낀 점이 있었는데 나는 두 살 위의 똑똑한 언니보다 무엇이든 못하는 존재였고 엄마에게는 좀 부족해 보이는 막내였던 터라 내 결정을 신뢰하지 않았고, 나 스스로도 내 결정을 신뢰하지 않았다. 그래서 무엇 하나 결정하기 힘들었다.

그렇게 가족에게 의지하고 친구와의 연결이 중요한 내가 승무원이 되자 모든 관계가 끊기게 되었다. 외적, 내적으로도 나에게 큰 영향력을 미치는 존재와 단절되고 새로 내가 개척해내야 하는 승무원으로서의 새로운 역할을 하게 된 나는 처음에는 너무나 두려웠지만 과거를 떠나 혼자선 독립이 나의 진정한 성장을 이끌었다는 것을 나중에 알게 되었다.

승무원이 되면서 나는 내 삶에서 가장 약했던 독립심, 주체성, 자립심, 주도성 같은 내면의 힘이 나에게도 아주 많다는 것을 발견했다. 나는 마치 스스로 성격개조 훈련소에 들어간 듯 새로운 나를 시험해 보기로 결심했다. 훈련원 교육 중에 누가 우리 기수 대표로 하겠냐고 교관님이 질문했고 나는 눈을 질끈 감고, 손을 번쩍 들었다. 어디서 그런 용기가 나왔는지 모르겠다. 그리고 실눈을 떴다. 아무도 손을 들지 않았는지 교관님은 나를 대표로 지정했다. 그때 나는 무엇이든 나를 바꾸는 일에 도전하고 싶었고 나 스스로 아무것도 할 수 없었던 막내딸, 어리바리한 동생에서 벗어나 뭐든 할 수 있는 사람이 되어서 비행기 속의 손님들을 돕는 사람으로 바뀌고 싶은 열망 가득한 훈련생이었다. 도전 또 도전해보는 설레는 시간의 연속이었다.

후천적으로 성격을 바꿀 수 있냐 하면 "할 수 있다"고 대답할 정도로 나는 나의 새로운 역할이 수동적이었던 나의 성격과 정체성까지 다르게 바꾸어 주었다. 유니폼을 입는 순간 슈퍼우먼처럼 변신하는 경험을 수없이 했다. 입사하며 나의 에너지는 충만했고 도전하고 싶었고 자신감이 넘쳤다. 그리고 행복했다. 그 생기발랄한 예쁜 동기들과 함께 있을 수 있다는 자체만으로도 나는 너무 기뻐서 영원히 훈련만 받고 싶은 마음이 들기도 했다.

친구를 좋아하는 나로서는 같은 나이 전국에서 모인 상냥한 친구 29명을 동시에 얻은 것 같은 기분에 늘 한 명, 한 명 동경하는 마음으로 동기들을 보았다. 하지만 이런 좋아하는 일에도 치명적인 결점이 있었다.

승무원이란 직업은 내가 다시 태어난 듯 두 번째 성격을 가지게 해줬다. 좋은 관계, 연결 그리고 새로운 환경에서의 일은 승무원이 퍼펙트한 직업이라고 생각하게 했다. 그런데 딱 한가지 안타까운 부분은 아이를 낳고나서 였다.

나는 내 아이가 너무 소중해서 아이의 모든 순간을 사랑했다. 아이의 모든 순간을 놓을 수가 없었지만, 승무원이라는 내가 너무나 좋아한 일은 사랑하는 아이들을 두고 며칠씩 나가 있어야하는 직업이라, 아이들을 너무 힘들게 할 것 같았다. 가족들에게도 각자 사정이 있어 지원을 받기도 어려웠다. 모르는 이모님께 의지해 하나도 아니고, 어린 두 아이를 한꺼번에 맡기고 나가는 일은 엄두가 나지 않았다.

하지만 많은 워킹맘 선후배 동기들이 응원해 주었다. 그리고 비행하면서 생긴 나의 바람은 아이들을 내 비행에 데리고 같이 여행하는 것이었다. 그래서 힘들더라도 그날이 올 때까지 도전해 보자며 용기를 내어 훈련원에 입소했다.

연속으로 두 아이가 생겨 육아휴직 기간이 길었다. 그래서, 다른 복직훈련과 다르게 신입 훈련생과 함께 매일 테스트를 봐야했고, 안전 초기 훈련까지 참여하는 긴 복직훈련을 시작했다. 첫 주는 매일 정신이 없었다. 입과 전에 테스트 준비로 바빴고 훈련도 매일 매일 고되었다. 하지만 다시 유니폼을 입은 모습에 딸아이는 신기해했다. 엄마 껌딱지인 딸은 생각보다 잘 지내주었다. 둘째는 언제나 싱글벙글이라 걱정이 없었다. 나도 다시 내 자리를 찾은 것 같아서 점점 에너지가 채워졌다. '아이들은 생각보다 잘 있어 줄 테고 나도 적응하면 우리는 더 좋은 날이 올 거야'하며 희망을 품고 열심히 훈련에 임했다.

그런데 문제가 생겼다. 그 당시 돌쟁이 둘째아이가 서 있을 때도 한쪽 발가락이 안쪽으로 크게 휘어질 만큼 힘을 주고 서 있는 것이 마음에 걸렸었다. 조금 빨리 걸을 때는 계속 그 휘어진 왼발이 오른발에 걸려 자꾸만 넘어지는 것이었다. 그래서 아이의 걸음걸이 확인차 남편이 데려 갔던 갔던 재활의학과에서는 골반이 크게 틀어져 있어서 앉아 있을 때 M 자로 앉거나 옆으로 앉지 않도록 자세를 수시로 봐주어야 하며 이제 걸음마를 시작한 아이에게 깔창 있는 신발을 집에서도 신겨야 하고, 지금은 어리지만 조금 더 크면 자는 동안 다리를 묶어두는 교정기를 매일 하고 있어야 한다는 앞이 캄캄한 진료 결과를 듣게 되었다. 배 속에서도 뻥뻥 차며 활기차던 저 양다리를 묶어두고 재워야 한다고....?

그날은 복직 후 겨우 일주일째 되는 금요일이었다. 주말 동안 생각했다. 남편은 내가 원하는 대로 하라고 했다. 나는 월요일에 사직서를 제출하기로 마음먹고 바로 훈련팀 팀장님과 면담했다. 아이가 아파서 관두겠다고 하는 승무원들을 많이 봐오셨던 훈련원의 여자 팀장님은 이 시기를 이겨내면 관두지 않은 것을 다행으로 생각할 날이 올 것이라며 개인 경험을 나누어주셨다. 사실 나는 정말 잘 알고 있다. 훈련원에서 교관으로 근무하는 동안 복직하는 승무원 담당도 해왔던 터라 복직한 승무원들이 누구보다 즐겁게 다니는 모습을 나야말로 정말 많이 보아 왔었기 때문이다.

나도 그렇게 존경받는 팀장이 되어 후배들을 격려하면서 엄마이자 팀장으로서 모든 역할을 다 인정받는 승무원이 되고 싶었다. 하지만 현실은 나를 다른 곳으로 이끄는 것 같았다.

팀장님께 나는 눈물을 흘리며 아이 때문에 안되겠다며 나왔지만, 사실 나 때문이었다. 나는 이제는 비행을 해도 더는 행복하지 않으리라는 것을 알았다. 아이가 아픈 것을 보고도 나가서 혼자 좋은 곳에서 아무런 휴식을 취하지 못할 것을 알았다. 의미가 없었다. 묶인 다리로 잠 못 드는 아이와 그 곁의 가족들을 외면하고 호텔 조식 뷔페를 즐기며 박물관을 유유히 걸어 다니고 싶은 생각은 눈곱만큼도 없었다.

아이의 건강 앞에서 나는 나의 커리어 같은 것, 회사에서 쌓아온 것들 그 모든 것 하나도 아쉽지 않았다. 오랫동안 나를 설득해주신 팀장님이 감사했다. 앞에서 눈물을 보였지만 사표가 수리되고는 아쉬움도 없이 집으로 달려갔다. 정말 이상한 기분이 드는 홀가분함이었다.

휴직 중의 나와 달랐다. 진짜 엄마가 되는 날이었다.

순간 재미있는 생각이 스쳐 지나갔다. 나는 마치 선녀와 나무꾼에 나오는 선녀가 된 기분이었다. 하늘로 날아가려고 선녀 옷을 기다리다 겨우 선녀 옷을 받았지만 스스로 그 옷을 버려버린 선녀 같았다. 나는 이 땅에서의 내 삶을 사랑했다. 영생을 누릴 수는 없는 한정된 시간 속에서 살아야 하지만 여기서도 하늘에서와 다를 것 없이 나무꾼과 함께 아이들과 사랑하며 소박하게 살기를 선택한 선녀의 이야기를 만들어가고 싶었다.

마지막 비행의 욕심보다 진짜 엄마 되기

내 마지막 비행은 어떨까? 승무원들은 한번씩 생각하기도 한다. 누군가는 마지막 자신만을 위한 쇼핑을 마구 하기도 하고 친한 동기랑 비행 스케줄을 바꾸어 추억을 만들기도 하는 등 스케줄을 확인해가며 남은 몇 번의 비행을 아쉽지 않게 보내려 한다. 동료들과 인사하며 선물도 나누고 메일도 주고받으면서 자신이 그동안 만났던 사람들과의 정리를 하는 시간도 가진다. 주변 동료들은 마지막 비행하는 승무원들을 위해 축하인사를 해주며 기내에서 사진을 찍기도 하고 포옹해주기도 한다. 또 친한 동기나 선후배의 마지막 비행에 플랜카드를 만들어 인천공항에서 기다리며 꽃다발을 준비하며 깜짝 서프라이즈도 하는 등 사랑하는 동료들에 둘러싸여 그동안 수고했다며 격려하며 마지막을 감동적으로 마무리하는 경우도 많다. 나는 그 어떤 것도 못했다.

나는 내 일을 그만 둔다는 것에 대해 깊이 생각해 본적이 없었다. 1997년 입사해서 18년간 내 정체성 중 하나였던 승무원이라는 직업의 끝이 언제 일지 전혀 예상하지 못했다. 그러나 그날 내 일을 그만두던 날에는 아무것도 할 수 없었다. 그냥 그대로 퇴근이었다. 인사할 사람도 별로 없었다. 다들 훈련중이었다. 정리해야 할 내 책상도 없었다. 휴직 중이라 회사에 원래도 두었던 물건들도 없었다. 내 마지막 비행의 추억을 갖지 못한 채 끝이 났지만 나는 그럼 감상 같은 것은 전혀 없이 총알같이 집으로 달려가서 아이를 안았다.

아무것도 필요 없었다. 내 손으로 키우고 싶었다. 아이가 넘어지면 달려가 보호해 주리라 내가 발이 되어주고 내가 방해물들을 다 치워주겠다고 팔을 걷어붙이고 내 아이를 위한 모든 것에 나를 불사르겠다고 다짐했다. 모성애가 불타오르는 엄마로서의 나로만 가득 찬 순간이었다. 나의 뇌는 모성애와 관련이 있는 옥시토신으로 넘쳐흘렀고 아이를 조금이라도 안전한 환경에서 보호하고자 하는 어미로서의 동물적인 보호 본능 같은 욕구가 넘쳐흘렀다. 옥시토신 덕분이었을까 사직에 대한 후회는 전혀 없었고 내 아이들의 예쁜 모습을 가까이서 계속 보면서 함께 할 수 있어서, 얼마나 다행인가 감사했다. 비행을 했다면 못 보았을 밤의 재롱과 아침의 잠 덜 깬 모습을 보며, 온종일 아이들로 꽉 차 있어도 행복했다.

사직 후 아이를 돌보며 다른 병원에 또 가보자는 남편의 말에 서울대병원에 예약하고 떨리는 마음으로 진료를 기다렸다. 아이의 걸음을 동영상과 사진 그리고 직접 보시고도 선생님은 아무 문제가 없다고 했다. 크다 보면 괜찮아진다고 했다. 그 정도는 자라는 과정에서 충분히 일어날 수 있으니 걱정 말고 더 다른 검사도 받을 필요가 없다고 했다. 그리고 신발도 교정기도 하지 않아도 된다고 했다. 아니 어쩌면 이렇게 다른 진료 결과가 나오다니.

하지만 나는 급한 결정에 후회하기보다는, 회사를 관두었기 때문에 어쩌면 이렇게 좋은 일이 일어났는 지도 모른다고 생각했다. 행운처럼 와준 아기라고 럭키(lucky)라고 태명을 지었으니 이 아이의 운이 좋은 것으로 생각하며 아이의 다리가 예전과 비슷하게 자주 넘어지더라도 걱정하지 않고 지냈다. 국내 최고의 소아 정형외과 전문 선생님 말씀 한 번만으로도 나의 걱정은 정말 가벼워졌고 아이를 볼 때 의식적으로 다리와 발을 보려던 것도 멈추고 자연스럽게 대하게 되었다.

걱정이 없어진 만큼 아이는 이상 없이 잘 자라주었다. 성장통으로 종종 다리에 쥐가 나서 자다가 깰 때가 있어 아직도 남편과 나는 자기 전에 자주 마사지를 해주고 자세를 확인하고 있지만 지금은 축구선수가 꿈일 정도로 날쌔게 달리는 남자아이로 자라고 있다.

시간이 지나고 생각해보면 둘째가 나에게 신호를 보낸 것 같았다. 진짜 중요한 것을 선택하라고, 다 가지려고 하지 말라고, 나를 코너에 밀어넣고, 시험에 들게 한 것 같았다. 나에게 미련 없이 사표를 던질 기회를 아들이 마련해 준 것이었다. 그리고 앞으로 무엇을 위해 살 것인지를 분명하게 알도록 나에게 깨우쳐 준 것이었다.

나는 엄마로 제대로 살기로 했다. 휴직 중에도 아이 곁에 있었지만, 사직하고 나서 '진짜 엄마'로 살게 되었다.

손님처럼 내 아이를 눈높이 서비스

내 아이를 위한 눈높이 서비스

승무원은 기내에서 눈높이 서비스를 한다. 비즈니스, 퍼스트 클래스 같은 상위 클래스는 공간이 더 넓고 손님 한 분당 서비스 응대할 시간이 비교적 여유 있어 자주 눈맞춤 서비스를 하느라 무릎을 굽히고 앉을 때가 많다. 서 있는 승무원을 보느라 위를 쳐다보고 이야기하는 때와는 달리 자신의 눈높이 약간 아래에서 응대할 때 좌석에 앉아있는 손님의 마음은 훨씬 편안해진다. 그리고 진지하게 경청하겠다는 승무원의 태도에 신뢰를 느끼고 불만이 있더라도 누그러지며 훨씬 이해받고 있다는 느낌을 갖게 된다.

단지 눈높이만 바꾸는 행동인데도 상대는 짧은 시간에 만족하게 되며 서로의 관계에 긴장이 풀어진다. 상대에 대한 배려를 시선의 위치이동만으로 표현할 수 있는 마법의 서비스다.

아이들이 어릴 때 나는 아이들의 눈높이에 늘 맞추어 살았던 것 같다. 안고 업고 접촉하며 내 눈높이에 맞춰 아이를 높여서 세상을 보게 했고 바닥에 기어 다니는 아이들의 사진을 찍고 어르고 달래느라 나도 함께 바닥에 누워 아이처럼 낮은 눈높이로 같이 구르며 같이 기어 다니며 놀았다. 아이들이 유아시절의 나는 정말 민감한 인간 레이더처럼 아이들의 눈높이에서 최적화된 상호작용 보육 전문가 같았다.

그런데 넘어질세라 쫓아다니던 아기시절을 지나 마음껏 달리고 뛰고 자유로운 어린이가 되니 대부분 일어서서 아래를 내려다보면서 아이들에게 이야기하고 있는 나를 발견했다.

아기시절은 끝났고 아이들은 내가 만들어주는 눈높이가 아닌 그들만의 눈높이로 세상을 보고 있었는데 나는 자꾸만 아기 때 내가 바라는 높이로 업어주어 보여주고 싶고 안아 올리고 싶었다.

아이들은 이제 커서, 그러지 않아도 되고, 그래서도 안 되는데, 나는 업고 안고 끌고 다니는 아기시절 엄마 역할의 향수가 있었다. 알면서도 고집을 피웠다.

내 마음대로 하던 아기시절의 아이들이 그리운 건 통제하기 좋아하는 나의 좌뇌 영향이 있었을 것이다. 엄마로서의 통제력을 마음대로 발휘하며 아이를 인도할 수 있어 느꼈던 행복함을 그리워한 것이었다.

아이들의 뇌가 자라고 자신의 결정력이 생기기 시작할 무렵부터 나는 조금씩 혼란스러웠고 그들의 자라는 뇌에 좋은 습관을 주어야 한다는 명목에 강요 아닌 척 강요를 하며 좌뇌식의 체계를 주입하려 했다. 그러면서 아이와의 갈등도 시작되었다.

아이들은 내 눈높이에 전혀 있지 않았고 그들의 뇌는 그들만의 방식으로 작동했는데 나는 그 아기 때의 향수에 젖어 유아기의 엄마 놀이만 하고 싶었던 것이다. 그리고 귀찮다는 이유로 무릎 꿇고 시선을 낮추는 노력을 하지 않고 아이들이 엄마를 이해해 주지 않는다고 서운해했다.

빨리 자라고 있는 아이들의 변화에 엄마는 전혀 눈높이를 맞춰주지 않았던 것이었다. 내가 어느 순간 나오는 아기말투를 듣고 아이들은 "지지가 뭐예요! 우리는 아기가 아니잖아요" 하면서 아주 진지하게 화를 낸다. 비교적 아기 말을 안 하고 키웠지만 나는 아이들을 보며 그들의 옹알이에 반응하며 함께 '그래쪄요 저래쪄요' 하며 톤을 맞춰 신나게 늘 대화를 나누던 엄마였고, 그것이 너무나 행복했었다.

나만 그때의 추억에 젖어 아이들이 영원히 크지 않았으면 좋겠다고 생각했던 것이었을까? 아이들은 이제 자신의 독립적인 개성을 드러내며 더는 아기가 아니라는 것을 부모에게 보여주고 있다. 대견한 일인데 그리움일까? 엄마는 왜 이런 마음이 드는 것일까?

빈 둥지 증후군을 아이가 아직 어려도 벌써 느끼는 경우도 있는 것일까? 아이가 클수록 어떤 엄마가 되어야 하는지 오히려 자신감이 떨어졌다. 그냥 잘 먹이고 입히고 재우는 엄마로서는 왠지 부족한 것 같은데 어떻게 하는 게 좋을까 방황하게 되고 생각이 많아졌다.

아이의 성장의 눈높이에 맞춰 주려면 그 몸과 뇌의 성장에 대한 이해가 있어야 하고 그것을 지켜봐 주면 된다는 마음으로 부모는 여유가 있어야 한다. 지식과 정보만으로 아이를 통제하는 것이 아니라 엄마의 울타리 안에서 자유롭게 자랄 기회를 계속 주고, 바라봐 주고, 기다려 주는 것이 내 아이를 위한 성장 눈높이 서비스이다.

승무원은 롤플레이(role play) 서비스 교육을 받는다. 손님 역할을 하는 승무원과 서비스하는 승무원이 연극하듯 서비스하는 수업이다.

그때 승무원의 응대는 어떤 느낌인지 나의 동기의 서비스를 받으면서 느끼게 되고 내가 어떤 모습인가도 보게 된다. 이코노미, 비즈니스, 퍼스트 클래스 및 특별기도 마찬가지로 롤플레잉을 하며 해당 클래스의 손님의 응대 매뉴얼에 맞추어 다르게 서비스하는 것을 연습한다. 그리고 그런 동료를 손님이 되어 바라보기도 한다. 손님 역할 차례가 되어 기내 좌석모형에 앉아 기내식 모형을 먹는 척하는 놀이는 언제나 즐거웠다. 사실 손님놀이도 기억이 남지만 손님 역할에서 가장 배울 것이 많았다. 그 입장이 되어 보아야 비로소 보이게 되는 것이 서비스였다. 매뉴얼은 있지만 그것을 상황에 맞게 적용하는 그 승무원의 마음이 눈과 눈사이로 전해진다. 상대의 상황에 맞추어 공감하듯 제공하는 눈높이 서비스의 질은 짧은 순간에 손님의 충분한 만족감을 통해 결정된다.

눈높이 육아에서 키높이 육아로

내 아이의 나이에 맞추어 10살 아이의 눈높이로 엄마를 다시 보는 시간이 꼭 필요하다.

생각으로만 이해하는 것뿐만 아니라 아이의 키에 어느 정도 맞춰 기꺼이 몸을 낮추자. '키높이 육아'는 눈높이 육아의 다음 단계라 불러도 될 것이다. 우뇌는 몸으로 하는 의사소통에 활짝 열리게 된다. 무릎을 꿇고 아이가 엄마를 편하게 볼 수 있게 시선으로 변경하고 아이가 부모를 믿고 닫혀 있던 마음속 이야기가 충분히 흘러나올 수 있도록 부드럽게 다가가 질문하며 아이와 소통하자.

같은 높이에서 따뜻한 눈빛으로 정서적인 질문과 서비스를 해주자.

우리는 매일매일 최상급 서비스를 할 기회가 있다.

내 인생 최고의 손님인 내 아이에게.

2-3

칭찬으로 내 아이를
춤추게 해야 할까?

　나의 아들은 어릴 때부터 축구를 너무 좋아해서 유치원 친구들과 팀을 만들어 일주일에 한 번씩 실내축구 놀이를 해왔다. 그런데 어느 날 그 좋아하던 실내축구를 가고 싶지 않다고 하는 것이었다.

　여러 가지 이유가 있을 것 같아 아들의 마음을 읽어주고 기다렸다. 며칠 뒤에 축구에 대해 물었을 때 아이는 주저하다 중얼거리며 "친구들이 경기하면 내 팀이 되고 싶다고 다 그러는데 내가 골 못 넣으면, 친구들이 너 싫어! 하고 말할 것 같아요…." 라고 하는 것이었다. 실제로 아들은 골과 승부에 대한 집착이 강한 편이다. 매 수업 끝날 무렵 하는 연습경기에서 자주 골을 넣었다. 그때마다 아들의 친구들은 아들과 같은 편이 되지 못해서 졌다며, 경기할 때마다 입을 모아 "너랑 같은 팀 하고 싶어"라고 말한다는 것을 들은 적이 있었다. 5세 때는 아기들끼리하는 공놀이 수준으로 귀엽기만 했다. 그런데 아이가 점점 커가면서 7세를 앞두고는 승부에 대해 굉장히 진지해져, 크게 부담을 느꼈던 것을 나는 전혀 몰랐던 것이다.

《마인드셋》(스몰빅라이프)에서 캐럴 드웩 교수는 아이들의 재능을 칭찬할 때 오히려 동기와 성과를 망친다는 연구결과를 소개했다.

아이들에게 10문제를 풀게 한 후에

A 그룹에게는 '똑똑하다'고 말해주며 '능력'을 칭찬했다.

B 그룹에게는 '열심히 공부했나 보구나'하며 '노력'을 칭찬했다.

칭찬받은 두 그룹 중 능력을 칭찬받은 A 그룹은 자신에게 좀더 재능이 있다고 생각했고 B 그룹은 그런 느낌을 받지 못했다. 문제는 나중에 발생했다. 능력을 칭찬받은 그룹은 더 어려운 문제가 있을 때 도전을 거부했다. 문제를 못 맞히면 자신의 재능을 의심받을 거라 생각한 것이었다.

그동안 축구를 잘 하고 있다는 선생님의 말씀이나 "오늘 우리 팀이 이겼어요 제가 골을 넣었어요!"하는 말에 너는 축구를 잘한다. 골을 잘 넣는다 등의 '재능'에 대한 칭찬을 자주 했던 기억이 났다. 이것은 결과에 대한 칭찬이다.

처음에는 신나서 매번 골을 넣기 위해 필사적으로 달렸던 아이는 친구들, 선생님, 엄마의 잘한다는 재능의 칭찬에 점점 불안감을 느꼈다. 다음 경기에 내가 골을 넣지 못하면 실망할 다른 친구들을 떠올리는 게 너무 힘들어서 아예 축구를 관두고 싶다고 한 것이었다. 축구는 좋아하니 집에서 아빠랑 계속할 거라는 말과 함께.

실험 결과처럼 아들은 자신이 축구를 잘하는 재능을 의심받고 싶지 않았던 것이었다. 너무 많이 이겨서 이제 더 증명할 수는 없었고 못해서 지는 일밖에 안 남았다고 생각했던 건지도 모른다.

매번 머리카락이 다 젖어서 집에 돌아오는 아들을 보고 얼마나 신나게 뛰었는지 신기했다. "재밌었어?"라는 물음에 종종 "휴~너무 힘들었어요."하고 의외의 대답을 하던 아이가 기억났다. 재능을 증명하려고 과도하게 달리다가 힘들었던 것 같아 마음이 아프다. 그때 나는 적절한 칭찬을 못 하고 "그래도 기분 좋았겠네~ 잘했어"라고만 칭찬하지 않았을까? 아이가 이전보다 노력했던 점에 대해 이야기하거나 어떤 점이 힘들었던 것인지 아이의 마음에 대하여 더 깊이 대화를 나누지 못했던 것이 아쉬웠다.

그렇다면 내가 어떤 칭찬을 해야 했을까? 올바른 칭찬은 어떤 것일까?

첫째, 결과가 아닌 '과정'을 칭찬하는 것이다. 경기에 승리한 결과 외에 어떤 패스를 했고 어떤 힘든 점이 있는지 물어보고 듣는 것만으로도 충분했을 것이다. 칭찬하고 싶다면 과정 중의 아이의 '노력'을 구체적으로 이야기를 해주고 "처음 축구 배웠을 때보다 지금 드리블을 잘하는데 비결이 뭐야?" 등으로 스스로 자신이 노력한 과정, 변화를 스스로 느끼도록 칭찬해야 한다. 그러려면 부모의 세심한 관찰이 필요하다. 관찰로 알게 된 사실만으로 피드백해야 자신의 가능성을 포기하지 않게 되는 것이다.

둘째, 행동에 대한 긍정적인 영향력을 설명하는 것이다. "네가 골을 넣어서 팀이 이겼어! 잘했어~"는 결과만 칭찬하는 것이다. 좋은 칭찬은 "네 덕분에 우리 축구팀 모두 경기를 즐기면서 하는 분위기가 된 거 같아, 선생님도 네가 규칙을 잘 지키며 축구를 해서 모두 다치지 않고 서로 패스하며 진짜 축구를 하게 되는 것 같다 하시더라" 라는 등 아이의 행동이 주변에 미치는 긍정적인 면을 이야기해 들려주는 것이다. 이런 피드백으로 자신의 행동이 미치는 긍정적인 영향력을 인식하고 더 많이 참여하고 싶어 하게 된다.

그런데 칭찬은 생각보다 고도의 기술이다. 잘못하다가 아이를 거짓 말쟁이로 만들 수 있다. 실제로 위의 실험에 문제를 푼 학생들에게 자신이 받은 점수를 적으라고 했을 때 능력을 칭찬 받은 학생 중 40퍼센트나 되는 아이들이 점수를 거짓으로 부풀려 적었다고 한다. 똑똑하다는 칭찬이 어쩌면 아이를 거짓말쟁이를 만들 수도 있고 승패 결과에 대한 집착으로 '부정한 방법'을 써서라도 이기려고 들지도 모른다.

아들은 골을 넣어야 한다는 부담감을 느끼고 있었고 이겨야 한다는 결과에도 집착하느라 축구를 즐기지 못했다. 부담감이 심해지자, 이기기 위해서 반칙을 통해서라도 이기려 하게 될지도 모르는 상황이었다.

엉성한 칭찬으로 안 하는 것만 못했던 내 칭찬 때문에 설득에도 불구하고 결국 아이는 좋아하는 축구를 관두게 되었다. 그러다 어느 날 누나가 하는 수영을 자기도 하고 싶다고 했다. 첫날부터 발차기가 잘되는 아들에게 또 선생님은 잘한다고 칭찬을 가득하며 아들을 으쓱하게 했다. 선생님은 그런 칭찬을 해주시더라도 나는 이제 달라졌다. 가진 재능 위주의 칭찬을 경계하고 아이의 노력을 찾아내고 이야기해주려고 하고 있다. 주변의 칭찬과 관심에 휘둘려 자신을 자꾸만 증명해 내야 하는 피곤한 삶을 살게 하지 않게 하려면 '칭찬'이야 말로 가장 경계해야 할 것이다.

축구는 다소 주변의 기대와 평가가 의식되는 운동이었다고 하면, 수영은 혼자 자신을 닦아야 하는 운동 종목이다. 연습한 만큼 물속에서 스스로 변화를 느낄 수 있어 수영하는 과정에서 노력의 기쁨과 가치를 알아갈 수 있을 것이라 믿고 있다.

그런데 칭찬은 금물이라고 '칭찬을 하지 말라'는 이야기도 있다.

아들러 심리학을 다루는 기시미 이치로의 《미움받을 용기》(인플루엔셜)에서는 칭찬을 하거나 야단을 쳐서는 안 된다고 한다. 칭찬이나 야단은 당근과 채찍으로 남을 통제하기 위한 수단으로 쓰인다. 다른 사람과의 수평적 대등관계를 강조하는 아들러 심리학에서는 칭찬이나 야단은 능력 있는 사람이 능력 없는 사람을 조종하기 위한 수직관계에서 나오기 때문이라는 것이다. '칭찬은 고래도 춤추게 한다'로 익숙한 우리에게 칭찬을 하지 않는 육아법은 칭찬에 대한 나의 생각을 통째로 흔들어 주었다.

비록 아들의 경우는 축구를 잘하도록 통제하고 조종하려는 의도가 있었던 것은 아니지만 실제 많은 경우 나는 칭찬하여 공부나 정리습관을 들이게 만들려고(조종하려고) 아이들에게 실제 제대로 하지도 않는 일에 칭찬을 하기도 했던 때가 생각났다.

캐럴 드웩 교수도 칭찬에 대해 가장 우려하는 문제는 학습이 부진한 아이에게 위안을 주기 위해 '노력에 대한 칭찬'을 남용하는 현상을 지적했다. 성과를 내지 못한 노력에 대해 칭찬만 하고 만족하게 하기보다, 효과를 발휘하지 못한 이유에 대해 살피고 아이들이 배움을 이어갈 수 있도록 해야 한다는 것이다.

늦은 나이에 낳은 아이인데다 게다가 둘째라 비교적 오냐오냐했던 나는 조금도 아이의 마음을 아프게 하는 말을 하지 않으려 했던 나의 태도를 돌아보게 되었다.

그럼 칭찬이나 비난을 하지 않으면 어떻게 해야 하는가? 이 질문에 대한 답도 앞서 언급한 《미움받을 용기》에서 찾을 수 있다. 아들러는

'지원' '감사' '존중'으로 칭찬을 대신하라고 한다. 상하관계가 아닌 대등한 관계에서 아이를 존중하는 눈으로 보는 대화는 아이의 존재자체를 감사하는 마음이 전해지는 가운데 공감을 일으킬 것이다.

응원하는 부모로 아이를 지지하는 것과 함께 아이의 마음을 잘 들어주며 공감적 대화를 시도하자. 결과가 나쁘더라도 어떤 일을 도우려 했던 것에 감사하는 표현도 좋다. 그리고 때에 따라서는 건설적인 피드백도 적절히 골라서 해줄 수 있는 부모의 현명함이 필요하다. 그렇게 꼭 열광적인 칭찬이 아니어도 아이는 타인의 바람보다 자신의 기쁨을 위해 스스로 동기를 가지고 노력으로 원하는 목표를 이루어 내는 성장을 할 수 있을 것이다.

칭찬은 고래도 춤추게 한다. 한두 번의 춤을 위해 칭찬이 유용할지 모르나 스스로 평생 춤추려면 칭찬보다는 공감과 감사의 마음이 아이에게 더 큰 힘이 되지 않을까?

우리 뇌는 변화한다 - 신경가소성

1998년 스웨덴의 피터 에릭슨과 미국의 프레드 게이지가 성인의 뇌에도 시냅스가 생성된다는 사실을 발견했다. 이 뜻은 우리가 나이가 들어도 자극에 따라서 우리 뇌를 성장시킬 수 있다는 뜻이다. 이전의 의학계에서는 나이가 들면 뇌에서는 더는 새로운 시냅스가 만들어지지 않는다고 믿었었다.

그들은 병원에 입원 중인 환자의 사망 전후의 뇌를 비교해 해마의 치상회에서 새로운 신경세포가 생성된 사실을 밝혀냈다. 아울러 경험으로 인해 새로운 자극을 받으면 뇌의 물리적인 상태가 점차 변화한다는 사실도 알아냈다. 이것이 뇌가소성(brain plasticity), 신경가소성(neuroplasticity) 이라고 한다.

뇌가소성의 원리로 우리는 지능이 어린 시절에 정해지는 것이 아니라 나이가 들어도 얼마든 변화 가능하다는 것을 알게 되었고 자신의 환경에 따라 자신의 뇌가 변화한다는 것을 인식하는 사람들은 적극적으로 환경을 바꾸어 나가면서 자신을 재창조해 갈 수 있는 희망을 품게 되었나.

뇌가 유전적으로 타고난 상태에서 머물러 살다 죽게 된다고 믿었던 옛

날 스타일의 교육방식으로 아이들을 판단하고 재능을 속단한 결과 우리 이전 세대에는 타고난 사람이 아니면 돈이 많은 사람들이 돈과 편법으로 자신의 삶이 변화할 수 있다고 변명하며, 노력을 게을리해온 지도 모른다.

어릴 적 헤어져 다른 환경에서 자란 쌍둥이의 IQ를 연구한 결과에 따르면 보통 사람들과는 훨씬 유의미한 수준의 유전적인 영향을 보인다고 하니 실제 지능에 유전적인 영향이 전혀 없는 것은 아니다. 하지만 과학이 신경가소성을 비롯해 우리 뇌의 숨겨진 비밀을 더 많이 밝혀내고 있다. 우리가 몰랐던 것을 알게 되면서 멈춰있던 우리의 지능이 그 순간 높아진다는 것은 마치 가짜 알약을 먹은 듯한 플라시보 효과처럼 인간의 잠재 능력, 우리가 아직 모르는 뇌의 숨겨진 능력을 보여주는 것이라 할 수 있다. 상상만으로 실제 훈련과 같이 근육이 발달할 수 있다는 연구나 운동이나 악기훈련, 새로운 언어를 배우는 등의 활동으로 노화를 늦출수 있다는 것도 앞으로 희망적인 사실로 다가온다.

죽을 때까지 변화할 수 있는, 발전할 수 있는 뇌를 당신이 이미 장착하고 있다. 그런데 그 멋진 뇌를 가지고 있음에도 우리는 습관적인 실수를 반복하며 과학으로 밝혀진 진실에도 아직도 소극적인 적용만 하면서 살고 있을 뿐이다. 나를 믿지 못하고 사소한 실수 하나에 바로 좌절해 버리며 결정론적인 자신의 성격테스트나 지능테스트만 믿게 되는 우를 범하기 쉽다. 안전지대에만 머무르며 더 나은 자신을 위한 새로운 도전을 꺼리게 된다.

세상을 바꾼 인재들의 이야기에 놀라면서도 자신은 바꾸지 않는다. 나는 그런 환경이 제공되지 않아서 못했지만 너희들은 다 해줄 테니 성과를 거두라며 자녀의 뒤에서 숨어 등만 떠밀고 있는 부모의 모습은 사실 나의 모습이었다. 실제로 바뀌어 보여주어야 할 것은 신경가소성을 믿으며 생생한 체험으로 자신을 새롭게 발견해가는 부모의 모습이다. 작은 것에라도 부모의 변화를 보지 못했는데 아이들은 어떻게 자신이 나아지는 노력을 할 수 있을까?

아이는 아직 아무것도 모르는 백지상태라고 생각하여 지식만 주입하며 문제풀이식 교육을 하는 동안 세상의 방대한 지식을 저장한 인공지능에 많은 직업이 빠르게 사라지고 있다. 우리는 인공지능과 함께 살아야 할 아이들의 미래에 지식을 위한 교육보다는 우리가 어떤 뇌를 가지고 아이들의 뇌에 영향을 줄 수 있을지 자신을 돌아보아야 할 것이다.

미래 기술이 발달한 사회에서는 과학이 어떻게 이용되는지에 따라 사람이 수단으로 전락하게 될 확률이 분명히 존재한다. 하지만 과학의 발달로 우리의 미지의 영역 뇌에 관한 부분적 지식이지만 많은 정보를 알게 되었다. 그것으로 나를 그리고 타인을 이해하는 마음이 널리 생기는 것이 앞으로 뇌과학이 우리에게 줄 보석 같은 선물이라고 생각한다.

다양한 경험은
내게 맡겨라
- 좌뇌형 엄마의 여행

달라도 너무 다른 승무원과 작곡가의 여행

승무원으로서 여행을 할 수 있던 나의 젊은 시절의 경험은 무엇과 바꿀 수 없는 소중한 추억으로 남았다. 오랜 시간동안 삶이 되어버린 여행은 내가 가장 자신 있는 분야이기도 했지만, 가족과 함께하며 달라져야 할 필요가 있었다. 나 혼자만의 여행노하우는 남편을 만나고 또 아이와 함께 시기와 상황에 맞춰 변화되었고 새롭게 선택할 폭넓은 기회를 경험할 수 있었다.

나는 관광경영학과를 졸업했지만 부끄럽게도 여행에 대한 경험이 별로 없었다. 모르니 알고 싶어서 학과를 선택했다고 말할 수 있을까? 학교와 집만 오가는 학생이었지만 마음속으로는 온 세계를 여행하고 싶은 호기심이 넘치는 사람이었다. 그런 내가 학교를 벗어나 승무원이 되고 직접 여기저기를 누비며 경험하는 세상은 놀랄 만큼 크게 느껴졌고 매 순간이 즐거웠다.

그러나 용감하게 혼자 여행을 하는 독립적인 스타일의 사람은 전혀 아니었다. 여행 계획을 미리 짜며 부지런을 떠는 사람도 아니었다. 하지만 회사 스케줄 때문에 어쩔 수 없이 세상 저 멀리까지 가게 된 상황에 방에만 있다가 오는 것은 왠지 억울했다. 체류 시간이 짧더라도, 피곤하더라도 숙소 주변 동네 한 바퀴라도 꼭 돌아다니고 오며 구석구석 남긴 나만의 발자국이 쌓이면서 여행에 대한 자신감이 생겼다.

그러면서 점점 좌뇌의 계획능력이 커졌다. 도착지에 대한 정보를 살피고 어떤 여행을 할 것인가 분석하고, 체류 시간 중에 휴식 시간과 활동 시간을 계획하여 할 수 있는 최대한의 루트로 여행계획을 짰다. 그리고 비행 중 함께 갈 마음이 있는 동료를 모았고, 함께 가는 상대의 의견도 맞춘 체크리스트의 여행을 다녔다. 십여 년 사이에 그날의 컨디션에 맞춰 쇼핑이나 관광지, 박물관 등 한 가지나 혹은 모두를 포함한 반나절 투어 일정을 짜는 것에 달인이 되어있었다. 그 가운데 계획 중 뭔가 생각과 달랐던 점이나 미처 예상 못 한 문제점이 발생한 경우 그 자리에서 나 스스로 엄격하게 평가하는 습관이 생겼고 후회를 한 부분은 다음의 더 치밀한 여행계획을 위해 보완플랜을 바로 짜는 버릇이 생겨갔다. 이 모든 좌뇌의 여행은 해가 가면 갈수록 나도 모르게 업그레이드됐고, 분석, 계획, 평가, 보완 등의 절차는 나도 모르게 자동으로 습관이 되어갔다.

하지만 가끔 힘들 때가 찾아왔는데 컨디션이 좋지 못하거나 사랑하는 사람들과 어쩔 수 없이 오래 떠나 있어야 할 때를 받아들여야 하는 경우였다. 승무원 일을 하면서 혼자 멋진 곳을 둘러 볼수록 나는 사랑하는 사람들과 함께 여행을 기억하고 싶었다. 그래서 결혼 전에는 엄마와 자주 여행을 갔고 결혼 후에는 시간을 어떻게든 맞춰 남편과 함께 하려고 했다.

그런데 나의 좌뇌의 계획 능력은 혼자 가는 여행에 최적화됐던 것을 인지하지 못한 채 남편과 여행을 떠났고 결국 서로 불만은 커질 수밖에 없었다. 함께하는 여행에 내 방식을 고집하다 마찰을 빚게 되는 것은 뻔한 결과였다.

그럴 줄은 몰랐지만 나는 내가 오랜 시간 혼자 여행하면서 가장 좋은 노하우를 알고 있다고 자신했었고, 그런 방법이 모두를 위해 좋다고 생각했다. 나의 강행군 여행계획에 힘들어도 어느 정도 맞춰줬던 엄마처럼 남편도 좋아할 것이라고 착각했던 것이었다.

남편과의 여행은 정말 달랐다. 남편은 내가 중요하게 생각하는 계획과 분석과 평가나 보완점 같은 것은 전혀 고려하지 않았다. 신혼여행으로 간 스페인에서 매일 숙소 주변 동네만 걸어 다니고 조금 떨어진 곳까지의 여정을 부담스러워했다. 사진도 안 찍으려 했다. 나를 안 찍어주는 것은 물론이었다. 저녁때 필요한 것을 사러 어슬렁 어슬렁 거리를 걷고 버스를 기다리는 삶에 젖어 드는 여행은 그동안 나의 여행과 너무 달랐다. 코앞의 유명한 건축물 앞에 한참을 앉아있기만 했다. 나는 뭔가 계속 안달이었고 불만이었다.

이름 모를 강가에서 자전거를 타다가 쉬는 동안 들은 스페니시 기타 소리에 남편이 가까이가 그의 연주를 듣다가 대화를 나누게 되었고 그는 탱고 음악을 연습하는 학생이었다. 곧 그의 여자친구가 왔고 둘은 집에 간다고 했다. 남편에게 같이 가지 않겠냐고 물었다는데 나는 신혼여행에 자전거를 타고 강가만 돌고 있어서 뭔가 다른 곳에 가고 싶었다. 다리가 아파서 그랬는지, 뭐가 불만이었는지 지금은 이해가 안 되지만 나는 안 간다 했다. 그래서 아쉽게도 여행지의 우연한 친구를 만드는 멋진 추억을 하나 놓쳤었던 기억이 난다.

나는 왜 프라도 미술관을 안가겠다는 건지, 조금만 더 이동하면 멋진 해변에 갈 수 있는데 왜 호텔에서 민박으로 옮겨 오랫동안 세비야에 있자는 건지 15일 동안의 신혼여행인데 왜 계획이 없냐며, 심통을 부렸던 것 같다. 우리의 차이를 극명하게 느꼈던 신혼여행이었다.

그 당시 스페인을 취항하지 않아서 나는 프라도 미술관에 다시 언제 와보겠냐 싶었다. 전 층을 달리다시피 옆 눈으로 스쳐 찍고 지나가며 보았던 작품은 남편의 말대로 지금 내 기억속에 아무것도 남아있지 않다. 그는 나와 헤어져 한 층에 머물렀고 우리는 신혼여행을 가서 떨어져 있었다. 나는 취향이 안 맞으면 신혼여행에서 혼자만의 시간을 갖는 것도 괜찮다 생각했지만 기억도 안나는 그 미술관을 그렇게 헤매야 했을까? 나는 무슨 작품을 보려고 했을까? 유명 미술관은 찍어줘야 한다며 욕심부려 놓고, 걷기 운동만 한 걸까? 그 작품들은 지금 인터넷으로 더 자세히 볼 수 있다.

남편은 "세계의 유명 미술관, 박물관에 우리가 꼭 다 가봐야 하는 거예요?"하고 물었다. 우리가 못 가본 곳, 못해본 것을 다 체험해야 하느냐고 왜 그렇게 해야 하는지 물었다. 숨이 턱 막혔다. 나는 신혼여행 때 우리의 극명한 차이를 알게 됐다. 맥시멀리스트와 미니멀리스트, 소유에 대해 인생의 사소한 경험과 행복에 대한 모든 것에 우리는 극과 극을 달렸다.

<알쓸신잡>이란 방송에서 김영하 작가는 의자가 많이 나와 있는 식당은 관광명소라 가지 않는다며 게다가 식당 안의 손님들이 자신을 석대적으로 보는 곳을 선택한다는 해외 맛집 선택의 노하우를 소개하는 장면이 있었다. 나는 남편이 떠올랐다. 어디든 그 여행지의 삶으로 들

어가서 여행하고 싶어 하는 사람과 꼭 봐야한 다는 유명한 관광지 위주로 루트를 짜는 사람. 여행하며 창작하는 사람과 남의 창작물을 사진으로만 담느라 다리가 바쁜 사람. 우리 두 사람이 여행법의 차이 아니, 삶을 대하는 방법의 차이를 느꼈다.

그러나 시간이 지나 함께한 여행 경험이 쌓이다 보니 이런 삶에 젖어드는 여행, 세밀한 계획이 없는 여행은 지나고 보면 삼 일을 여행해도 삼 개월을 여행한 느낌을 주는 색다른 경험이었다. 나는 아마 혼자였다면 아무리 긴 시간을 유럽에 있어도 결국 하루에 한 나라의 사진을 찍고 옮겨가는 단체 관광객과 똑같은 시선으로 머물렀을 것이다. 물론 짧은 시간 많은 경험을 하기를 원하는 나의 여행 스타일도 때로는 필요할 때가 있다. 사전 계획으로 한정된 시간과 비용 안에서 최대한의 효율을 얻게 되면 생각보다 하루가 뿌듯해지며 큰 만족을 얻기 때문이다. 삶의 소소한 재미라고 해야 할까?

남편은 여행하는 과정에서 예상치 못한 것을 즐기는 방식이었지만 나는 계획된 여행이 끝난 후의 만족감을 즐기는 타입으로 달랐다. 그러나 남편의 여행방식을 경험하고 나니 나는 나에게 필요했던 것, 계획보다 더 중요한 그 순간의 경험에 대해 놓친 것이 많다는 것을 알게 되었다.

내 삶의 이상적인 장소를 꼭 도착해야 하는 목적지로 바라보고 달려가기보다는 그 순간을 즐기면서 천천히 걸어가는 하나의 길을 여행하는 과정이라고 생각하니 여행을 더 즐기게 되었다. 그리고 여행처럼 삶을 즐길 수 있는 마음이 되어갔다.

서로의 차이가 신선했고 즐거웠고 상대의 다름이 마음에 들었을 때가 많았지만 육아를 하면서 차이가 갈등을 만들 때도 있었다. 하지만 그것도 결국 상대를 이해하려는 노력으로 그 처음부터 원래 있었던 두 사람의 차이를 떠올리자, 나는 나와 똑같이 맞추려는 시도를 내려놓고 남편을 이해할 힘이 났다.

아이들과 함께라면?

좌뇌형 엄마와의 여행은 아이들의 유아시기에 매우 도움이 된다. 사전에 계획된 여행으로 아이들에게 일어날 수 있는 환경적 위험요소를 확인하거나 아이의 컨디션 상황에 맞추어 플랜 B를 적용하는 등의 순간적인 계획변경도 해야 하므로 아이를 키우는 동안 엄마들은 저절로 좌뇌의 계획능력이 매우 발달하게 된다. 아울러 우뇌의 직감도 발달하게 된다. 새로운 엄마 두뇌로 점점 변화하게 되는 것이다.

아이와의 여행을 계획할 때는 주의해야 할 것이 있다.

먼저, 엄마가 최대한 해낼 수 있는 계획을 세우는 것이다. 욕심으로 무리한 계획을 세우면 아이와 엄마 모두 컨디션 난조로 집에 있느니만 못 하다. 엄마가 최대한 즐거운 여행을 계획하는 것이 좋다. 독박육아 중인 엄마들과 함께 여행을 계획하며 '공동육아여행'을 떠나거나, 숲체험 등의 안내해주는 선생님이 있는 여행을 계획하는 것도 좋다.

두 번째는 지속가능한 방법을 고려하는 것이 좋다. 요일 단위로 아이와의 소소한 루틴을 만들어서 도서관이나 가까운 전시 등을 알아보는 등의 계획을 짜면, 멀리 가는 여행이 아니라도 충분히 즐거울 수 있다. 엄마와의 호흡을 맞추는 연습이 규칙적으로 되면 더 멀리도 쉽게 떠날 수 있게 된다.

세 번째 아이의 성장단계에 맞추어 여행을 계획하는 것이다. 아이의 뇌 발달은 초기에는 무조건 뇌 속에 도로를 건설하듯 길을 만드는데 일단 다양한 경험을 통해 여러 갈래로 길을 만드는 과정을 거친다. 즉 모든 것을 흡수하는 시기다. 그다음에는 실제 체험으로 만들어진 도로를 스스로 사용해보는 단계를 지난다. 재미있고 호기심을 느끼는 대상에 집중해서 반복하기 때문에 엄마는 아이의 속도에 발을 맞춰야 한다. 그리고 사춘기 정도의 나이에는 쓰지 않는 길은 제거하는 순서로 아이의 뇌가 형성되는 과정을 거친다. 나는 초기에 길을 내는 단계에서는 다양한 경험이 필요하다고 생각한다. 하지만, 아이가 자라면서 특정 주제에 집중하게 되는 모습이 보인다면, 억지로 여기저기 옮겨 다니는 체험을 하기보다는 뇌 발달의 단계에서 이전에 만들어진 도로를 사용할 수 있도록 도움을 줘야 한다. 아이가 관심을 가지는 주제에 맞는 여행을 계획하는 것이다. 아이의 관심에 맞춰, 집에서 그림이나 사진으로 간접경험 해본 것을 현실에서 직접 경험하도록 돕는 것이다.

이렇게 따로 또 같이 가는 여행의 방법을 함께 알아가는 것도 가족이 되었을 때의 즐거움이 된다. 엄마와 함께하는 새로움을 발견하는 다이나믹 여행과 천천히 느리게 현지인화 되는 깊이 있는 아빠와의 여행에서 각자 자신만의 여행, 나만의 고유한 삶을 대하는 태도를 만들어 갈 것이다.

나는 내 아이가 나와 함께 떠날 여행 계획이 아주 기대된다.

내가 세운 열정적 여행계획에 따라다니려면 엄마는 무조건 건강하게 오래 살아야겠다고 생각하셨단다. 나도 노년에 운동화 싸 들고 열심히 따라가 줄 체력만 가지고 기다리겠다. 천천히 느긋한 여행도, 다이나믹 계획여행도 성인이 된 아이들과 함께 그 순간을 즐기며 다녀올 새로운 미래 여행의 꿈을 꾸고 있다.

2-5

승무원의 정리법
-갤리홈 정리법

 가사노동은 정말 매일 반복되는 빛이 안 나는 일이라고 한다. 밥 한 끼만 먹어도 그릇을 꺼내고 담고 치우고 씻고 제자리에 보관하는 다섯 가지 과정을 매끼 반복한다. 그런데 승무원의 식사 준비와 정리는 그 과정에서 씻는 과정은 빠지지만 새로운 과정 두 가지가 추가된다 꺼내기 전 '잠금 풀기'와 마지막 제자리 보관 후 무조건 '잠그기' 이다.

 신입 승무원들은 훈련원의 3개월동안 책으로 배우고, 비행기 모형 (mock-up)에서 갤리(galley, 비행기내 소모품이 탑재뇌는 부엌과 같은 곳)내부위치를 확인하고 서비스 절차를 숙지하고 실습 비행도 하지만 서비스 현장은 '흔들리는' 비행기다. 비행 중 언제라도 갑자기 흔들릴 수 있어 어떤 물건이라도 위험한 상황을 만들 수 있기 때문에 순항 중에도 '잠그기(lock)'는 필수다.

잠금을 열고, 넣고, 잠그고, 다시 열고, 꺼내고, 잠그고, 서비스하고, 회수하고, 또 잠그고…. 모든 일에 잠그는 행동이 세트로 들어가는 아주 귀찮고 반복되는 행동을 능숙하게 할 때까지 시간이 걸리기도 한다. 좁은 갤리에서 서비스 준비로 분주한 순간, 잠금을 잊은 한 명의 실수로 동료의 머리 위에 무거운 서랍이 통째로 떨어지는 사고가 실제로 발생하기도 한다. 그래서 기내에 탑재되는 용품은 컴파트먼트(compartment)와 카트에 딱 들어갈 정도의 사이즈와 양으로 매 비행 준비된다. 보관하고 잠글 수 없다면 비행기는 이륙할 수 없다.

이렇게 살림과 비행은 비슷하고도 다른 점이 있다. 요리사이자 식문화 칼럼리스트인 우오쓰카 진노스케는 그 자리에서 요리를 할 수 있는 부엌 공간인 '조종실 같은 부엌(cockpit kitchen)'을 만드는 비법을 소개했다. 항공기의 기장은 좁은 조종실에 앉아서 계기판을 조작해야 하니 모든 것이 한 손에 닿는 곳에 있어야 한다. 하지만, 엄마는 부엌 한 공간에서만 일하는 셰프는 아니니 승무원이었던 나는 감쪽같이 닫힌 곳에서 필요한 것이 딱 맞게 보관된 비행기 갤리홈(galley home)을 만드는 비법을 소개해 볼까한다.

1. 크지 않은 공간에 최소량으로 (비행기 갤리만큼 콤팩트한 공간에 그날 필요한 만큼)

2. 동선이 편한 곳에 (각자 아는 정해진 위치에 원할 때 바로 준비할 수 있는)

3. 완벽하게 가려져 수납된 단정하고 아름다운 집 (비행중 나와 있던 서비스 아이템이 이착륙시 다 제자리로 정리되듯)

1. 크지 않은 공간에 최소량으로만

셰프에게는 프랩(prep)이라고 요리 전에 식자재를 다듬어 사전 준비 해두는 절차가 있다면 승무원에게는 생수 박스나 등 더미로 케이터링 에서 실려 오는 소모품들을 기내 수납공간에 보관하여 쓰기 쉽도록 손 님 탑승 전 정돈하는 시간이 있다. 크지 않은 기내공간이지만, 그날 탑 승객만큼의 서비스 용품을 효율적으로 수납하듯, 부엌이 좁다며 큰 집 을 부러워하기보다 물건을 적정량 구매해 정해진 장소에 보관하는 것 이 좋다.

2. 동선이 편한 곳에

승무원들은 한정된 탑승 전 준비시간에 발바닥 불나듯 뛰어다니며 일 일이 다 수납해야 한다. 요령도 없고 힘으로 때우느라 신입 때의 내 손 은 이로 말할 수 없이 엉망이었다. 이후 현장 승무원들의 좋은 제안들이 계속 추가되고 회사의 시스템에 탑재 위치나 정리 방법의 아이디어가 쌓여가니 준비가 조금씩 짧아지고 효율적인 방법으로 일하게 됐다.

살림은 승무원의 수량파악과 정리정돈, 요리사의 프랩, 사용 후 원위 치 정돈 과정이 반복되는 과정이다. 그 과정에서 시간이 갈수록 효율적 인 자신만의 방법을 찾아 절차를 줄이고 간단하게 루틴을 유지할 수 있는 방법을 찾아 가야하는 면에서 비슷하다.

하지만 살림과 비행은 다른 점이 있다. '교체 팀'의 존재다. 예를 들 면, 장거리 야간비행 중 인천출발 편 승무원이 교체 팀을 위해 쓰기 좋 게 아이템의 위치를 멋지게 맞추어 정리해 두고 비행기에서 내린다. 잘 정돈된 비행기를 받아 인천으로 돌아가는 교체 팀으로 탑승한 승무원 은 전 팀의 배려에 감사하기도 하고, 그다음 비행에 적용해가며 각자의 노하우를 발전시켜간다.

하지만, 살림은 비행과 달리 연결되는 '교체 팀'이 없다. 살림을 혼자 하는 나는 다음 팀도 나다. 그렇지만 전 팀의 내가 조금만 다음을 위해 쓰기 편하게 해 둘수록 다음 끼니를 준비하기 위해 서랍을 열고 접시를 꺼내는 내 기분이 신이 나서 요리가 즐거워진다. 다음 팀이 될 나를 위해 지금의 내가 배려해 주는 잠시의 시간이 나를 사랑하는 과정이라는 생각에 살림이 좋아지는 엄마로 점점 스킬이 늘어가는 것이다.

나를 위한 살림 스킬과 아이를 잘 돌보기 위한 시간을 주는 살림 스킬도 늘어가고 쓰기 쉽게 만든 부엌은 남편의 부엌자립 스킬도 키워주고 있다. 남편은 누구든 필요한 것을 찾을 수 있는 부엌이 되면서 요리에 취미가 생기고 살림을 함께 할 수 있다는 자신이 생기는 계기가 되었다고 말한다.

3. 완벽하게 가려져 수납된 단정하고 아름다운 집

우리가 호텔이 깨끗하고 아름답다고 느끼는 이유도 물건이 가려져 수납이 되어있기 때문일 것이다. 쓰던 물건을 제자리로 정리하고 안보이게 잘 닫아놓는 일은 듣기엔 쉽지만, 실제로 잘 안되는 것은 몸에 버릇이 들어있지 않기 때문이다. 가끔 승무원들은 손이 빠르다는 소리를 듣기도 한다. 일 잘하는 승무원들은 눈은 나를 보고 말하면서도 손은 물건을 계속 제자리로 원위치시킨다. '제자리로 정리해 두고 닫기' 그것이 세트로 이루어진 기내서비스는 살림에서 좋은 버릇을 만들 수 있다. 물건의 위치를 정하고, 그곳에 습관적으로 손이 움직이는 버릇. 그것은 부지런함과는 조금 다르다. 오랜 습관에서 비롯된 몸이 기억하는 버릇이다. 비행 중 어떤 물건이 꺼내져 있더라도, 착륙 전 벨트 사인이 울리면 승무원의 바쁜 손들은 완벽하게 물건들을 원위치 시키고, 비행기는 처음 모습 그대로 도착하게 된다. 뇌로 외우는 기억(서술기억,

declarative memory)보다 몸으로 외우는 기억(절차기억, procedural memory)은 제한된 우리 뇌의 용량을 많이 차지 않고, 기억해내기에 힘도 들지 않는다. 한번 몸에 새기면 절대 잊어버리지 않는 몸의 기억, 승무원의 손버릇. 배워 두길 정말 잘했다.

아이들의 정리

첫째는 어릴 때부터 책을 가지고 노는 편이었다. 책을 좋아하는 것은 좋은 습관이니 정리하라고 하지 않았다. 그랬더니 크면서 책을 읽고 그 자리에 펼쳐 놓고 다음 책을 다시 옆에 펼치며 바닥에 책을 깔아 놓는 습관이 생겼다. 아이가 머무는 공간은 맨 마지막 장이 활짝 펼쳐진 책으로 가득 차 발 디딜 틈 없을 때가 많았다.

조용히 치워주고 정리하다가 어느 날 아이가 책 정리하는 나를 보더니 자기가 정리를 하기 시작했다. 아이는 아끼는 책의 번호대로 정리하고 싶었는지 자신만의 방법으로 전집과 단행본을 정리했다. 보기 쉽게 되어 있을 때 안 읽었던 책이 발견된다고 하며 분류하기를 놀이처럼 하더니 찾고 싶은 책이 있을 때마다 이곳저곳의 책꽂이에 꽂힌 수많은 책 중에 원하는 그 책을 정확히 찾아냈다. 찾은 책을 손에 든 딸아이의 표정에는 정리의 경험이 주는 기쁨과 만족감이 흘러나왔다.

책 깔아 놓는 습관은 여전하지만 새 좋은 습관이 생긴다면 그것도 바람직하다. 정리할 때 물건을 제자리에 분류해두는 습관이 앞으로의 삶에 편안한 질서를 스스로 만들 수 있을 것이라 믿는다.

둘째의 방은 미니어처 장난감을 좋아하는 아이의 취향 때문에 정리가 힘들 때가 많았다. 가끔 장난감 상자의 물건을 함께 정리하는 시간을 가졌는데, 한동안은 가지고 놀지 않는 장난감에도 애착을 보여 정리가 어려웠다. 그런데 이건 '아기꺼'라며 동생들 주라고 한껏 어깨에 힘들어간 모습으로 쓰지 않을 장난감을 통에 담는 게 아닌가? 곧 학교에 입학하는 자신에게 어울리지 않는 것을 자발적으로 정리하면서 아들은 자신의 성장을 스스로 준비했다. 누나 책상을 호시탐탐 노리던 둘째가 자신만의 책상이 들어올 방을 상상하며 집의 변화를 기대하고 있었다. 삶의 변화에 따라 집도 계속 옷을 갈아입는 것을 즐기며 자신의 물건을 소중하게 쓰고 보낼 줄 아는 사람으로 커가는 중이다.

비워지는 과정의 반복과 그곳에 채워질 미래에 대한 꿈이 계속 현실로 창조되는 공간. 그곳은 바로 우리 집이다.

아이들이 자연스럽게 삶에서의 창조과정을 연습하게 되는 몰입의 공간이 우리 집이다. 단순한 집(house)이라는 건물이 아니라 변화 가능한 살아 숨 쉬는 집(home)을 만들기 위해 나는 나를 행복하게 해주는 것에 귀를 기울인다. 나를 존중하는 집을 정리하는 동안 아이들과 남편은 저절로 나와 함께 하며 집과 자신을 함께 소중히 여기는 사람이 되어간다.

어질러진 집이 뇌에 미치는 영향

정리가 되지 않은 집안을 보는 엄마의 뇌에는 무슨 일이 일어 날까?

첫 번째는 뇌가 피곤해진다. 눈은 정리할 것을 보면 그 물건 정보에 대한 것을 뇌가 파악하느라 바빠지고 피곤해진다. 눈의 후두엽의 시각피질이 자극되고 뇌는 전두엽 등에서 해석하려고 한다. 이후 불필요한 정보를 거르는 과정을 계속 진행하며 뇌가 휴식을 취하지 못하게 된다.

두 번째는 해야 할 일을 제대로 하지 못하게 된다. 하루 중 합리적 의사결정의 수는 정해져 있다. 뇌는 계속되는 선택과 결정으로 피곤해진다. 의사 결정 횟수를 줄여야 생산적인 삶을 살 수 있는데 청소 안 한 방에 대한 생각이 밖에 나가서도 계속 생각나 할 일을 제대로 못 하게 될 수 있다. 해결되지 않는 의사 결정 때문에 피로가 쌓이며 의식이 흐릿하고 집중이 안 되는 상황을 브레인 포그(brain fog)라고 한다.

그렇다면 청소를 하게 되면 어떤 긍정적인 효과가 있을까?

당연히 앞서 언급한 브레인 포그현상이 줄어들어, 뇌의 각성 수준을 높여주어 의식을 맑게 해 준다. 또한 청소를 하면 자신에 대한 믿음이 높아지고 다른 일들에 대해서도 성공 가능성이 커지는데, 그것은 청소가 자신의 삶을 잘 컨트롤 하고 있다는 느낌 즉, 통제감을 주기 때문이라고 한다. 방 청소 하나로 통제감을 갖고 의지력을 높일 수 있는 것이다.

비행에서 다음 팀을 준비해 미리 사전 작업해 두듯이 미래의 나를 위해 미리 준비해 두면 물건을 더욱 찾기 쉽게 되어 이후에 일이 훨씬 쉽게 진행된다. 전두엽 대부분을 차지하는 전전두피질은 가장 이성적이고 논리적인 생각이 진행되는 곳이다. 전전두피질은 계획하는 일, 성격의 표현, 의사결정, 사회적 행동 조율, 발화와 언어 조율 규칙과 학습 등 생각하는 것과 행동을 생각과 조율하는 것을 담당한다. 청소는 바로 그 전전두피질을 단련하게 된다.

전전두피질 단련도 좋지만, 슬프게도 엄마들의 일상은 퇴근이 없다. 진급도 없고, 은퇴도 없다. 그렇기에, 엄마들에게 적게 일하고 많이 쉴 수 있도록, 온 가족이 전전두피질을 단련할 수 있도록 '분업을 위한 교육'도 추가하고 싶다. 엄마의 끝없는 가사노동의 짐을 함께 나누어 가지며 가족의 전전두피질을 강화하는데 도움이 되는 청소의 장점을 꼭 알게 해주어야 한다고 생각한다. 엄마는 가족의 '가사분업'이 더 쉬워지도록 물건을 줄이고 잊어버리기 쉬운 물건의 제자리를 가족에게 '지속적으로' 알려주자. 우리를 조금이라도 더 여유롭게 만드는 정리와 살림의 노하우는 혼자만 늘어갈 것이 아니고 함께 나누어야 한다.

2-6

미니멀은
마니멀다 머나멀다

제품의 여왕

비행을 시작하면서 현지 슈퍼마켓이나, 면세점에 들를 때마다 늘 '제품의 여왕' 선배들을 만난다. 신입의 눈에는 세련되고 일 잘하고 손 빠르고 싹싹한 멋진 선배들은 면세점에서 어리둥절한 신입 후배들에게 비행 노하우 보다 더 쏙쏙 들어오는 쇼핑 꿀팁을 나누며 선후배 간 정을 쌓아간다.

비행 초기 1~2년간 그들의 추천템으로 가방 가득 새로운 먹거리, 화장품 혹은 명품까지 혹해서 사들이게 되는 최면에 걸린다. 어디를 가나 좋은 것을 나누고 싶어 하는 사람들의 호의는 감사한 것이다. 하지만 필요하지도 않은 것을 말만 듣고 덥석 집어와 후회하던 막내 시절의 무지한 쇼핑은 빨리 알아채야 했다.

엄마와 언니 허락을 받아야 해서 대학 때까지도 뭐하나 주체적으로 못 사던 나였다. 그런 내가 독립해 일하면서 혼자 쇼핑을 하게 된 만족 감은 굉장했다. 드디어 성인이 된 느낌이랄까? 이제 자립해서 나를 위한 주체적 삶을 제대로 살고 있다고 생각했다. 돈을 안 써봐서 큰 건 못 사고 작은 것들을 들었다 놨다 하면서 고민했다. 이건 가족 선물용으로 사고…. 음 또 친구 줄까? 이건 내가 하고…. 그리고 다음 비행에도 이 건 엄마 드리고 이건 동기 누구 선물하고 이건 내가 하고…. 비행을 다 녀오는지 쇼핑몰에 출근하는지 모르는 몇 년이었다. 그렇게 비행을 다 니며, 사 모으다 보니, 전 세계의 쓰레기가 다 내 방에 들어와 있었다.

사실 물건을 구매해 보는 경험은 필요하다. 나의 소비 패턴을 똑똑히 바라볼 수 있게 되는 시간이다. 그 과정을 통해서 내가 좋아하는 것과 아 닌 것, 사야 될 것과 생각해 봐야할 것을 더 신중하게 생각할 수 있었다.

나는 신나게, 어떨 땐 겁나게 쇼핑에 빠져보았던 그 시기를 아주 소 중하게 생각한다. 자질구레한 잡동사니 쇼핑이었지만 온 시간과 체력 을 바쳐 사온 물건들이 사실은 잡동사니였다는 것을 알게 되기까지 그 리 오랜 시간이 걸리지 않았다.

동기들과 살던 아파트의 작은 방 한 칸에는 언젠가 선물할 물건과 각 종 전세계의 기념품들이 엉망으로 쌓여 있었다. 가득 찬 내 작은 방과 자꾸만 채우고 싶은 빈 가방을 보며, 오랜 생각에 잠겼다. 채우려고 했 던 건 내 방과 가방이 아니라 나의 내면이었다. 내가 누군가나 다른 무 언가 외부에서 나를 기쁘게 해줄 것을 찾아서는 내 공허함을 메우는 것이 불가능 하다는 것을, 내 가방은 쇼핑으로 채워지지 않는 구멍 난 가방이라는 걸 깨달았다. 그 생각에 끝에 나는 내가 어떤 것을 좋아하 는지 알게 되었으며, 무엇이 진정으로 소중하고 남기게 될 것인지를 깨닳게 되었다. 필요한 물건을 생각하고 현명한 쇼핑을 하는 연습은 그 정도로 충분했다.

그리고 더 이상 물건의 소유로 나를 혼란에 빠뜨리지 않겠다고 다짐했다. 경험으로 얻은 깨달음의 에너지로 나의 내면을 채우겠다고 다짐했다. 그러다가 다시 그런 모습이 나올 때마다 천천히 받아들였다 '내가 많이 허전하구나.' 돌아와서 가방을 열면서 나를 다시 바라보았다. 그리고 엄마나 친구에게 전화를 걸어 나의 허전함을 나를 사랑하는 사람과의 대화로 조금씩 채워 주었다.

가져갔던 책만 그대로 들고 왔던 뿌듯한 가방을 열던 날은 달랐다. 나는 내 마음의 현재 상태를 그대로 보는 게 가능했다. 명품도 잡동사니도 공허를 메우려고 시도하는 소유는 부질없다는 것을 깨닫고 나니 마음에도 지갑에도 평화가 찾아왔다. 그러면서 점점 명품에 대한 생각, 쇼핑, 소유에 대한 나의 자세가 극적으로 바뀌었다.

낮에는 사진을 찍고, 구석구석 새로운 탐험을 하듯 걷다가 혼자만의 방으로 돌아왔다. 숙소의 사각사각 하얀 이불 소리가 느껴지는 침대에서 가지고간 책들을 읽으며 책장 앞장에 글을 쓰고 잠들었다. 여행은 가끔 쇼핑이 되기도 했지만 가급적 마음속으로 담는 아이쇼핑을 주로 했다. 혹은 현지의 특색 있는 곳을 경험하기 위한 체험프로그램 쇼핑을 했다.

그 외는 호텔에서의 휴식과 나만의 시간을 충분히 가진 후 가져간 똑같은 가방으로 돌아왔을 때 내가 달라진 것을 알았다. 그런 나를 위한 달콤한 시간을 보내고 나서 서울로 돌아오는 길은 에너지가 넘쳤다. 수백명의 승객에게도 한 분 한 분 눈 맞추며 신나게 인사하고 신나게 식사 드리고 신나게 손님을 돌아보며 걷고 또 걸으며 돌아오는 여정을 반복했다. 승무원이 아니라면 내가 경험하지 못했을 새로운 곳을 경험하게 해준 나의 직업에 대해 감사함이 차올라 손님에게 진심으로 감사의 인사를 드렸다.

수백명의 손님들에게 "감사합니다!" 하고 수백 번 진심을 담아 인사하며 내면이 채워졌던 나였다. 무엇이 나를 가득 차게 해서 사랑으로 주변을 물들일 수 있었을까?

그렇게 사랑 가득했던 나는 다시 공허해졌다. 아이를 낳고는 아무것도 나를 위한 생활을 할 수가 없었기 때문이었다. 그야말로 몸도 마음도 정신도 옴짝달싹 할 수없이 아이에 매여 있었다. 잘 키우고 싶은 엄마가 되고 싶어 아등바등 매달렸다. 누구에게 인정받으려는 것이 아니라 내가 좋은 엄마가 되고 싶었고, 우습지만 그게 내 어릴 적 소원이었다.

나는 그런 소원을 왜 어릴 때부터 바래왔는지 잘 모르겠다. 딱히 말할 것이 없어 엄마 되고 싶다고 했던 말에 엄마가 너무 웃어서 그 이후부터 계속 엄마가 되고 싶다고 했을까? 나의 일하는 엄마가 매일매일 보고 싶어서, 어린 나는 아이 옆에 있어주고 싶어서 '엄마'가 소원이 되어버렸던 걸까?

그래서 다시 기억해 내야했다. 내가 잊어버렸던 승무원 시절의 내 에너지를 말이다. 나의 내면이 채워지지 않아서 공허한 것을 바깥에서 찾으려고 하지 않도록 나 스스로 채울 수 있는 것을 찾아야 했다. 그래서 필사적으로 책을 읽었다. 도피였을지도 모른다. 전에 읽던 소설은 눈에 전혀 안 들어왔다. 나는 육아를 제대로 배우겠다며 읽고 뭔가 안 채워져 불만족인 나를 알고 싶어서 내면을 알 수 있을 만한 글을 읽고 또 읽었다. 어느 정도 읽고 나니 막 일기를 쓰며 쏟아내고 있었다. 이번에는 빈곳을 채운 것을 다시 흘려내야 할 차례가 된 것인지도 몰랐다.

나만의 시간에 책을 읽고 사각사각 글을 쓰는 시간을 보내고 났던 나는 욱하지 않고 조금 더 여유 있어졌다. 나는 엄마로서 충분히 잘했어라고 스스로 위로하는 이야기를 해주는 나만의 글쓰기 시간을 통해 엄마로서의 내면도 점점 비워지고 새로운 에너지로 채워져 갔다. 나는 스스로 만든 보상을 보상받고 있었다.

아무도 멋지다고 이야기해주지 않는다. 오로지 나만이 나를 알고 나를 제일 잘 칭찬해 줄 수 있다. 엄마가 할 일은 나의 사랑을 나에게 표현해서 내가 힘을 얻고 그 힘으로 또 사랑을 키워서 아이를 돌보는 것이 순서라는 것을 알았다.

내 내면이 채워지고 나니 12시간의 만석비행도 신나는 감사의 여정이 되었고 독박육아도 '에라 모르겠다! 내일 하자'고 던져놓고 잘 수 있는 여유도 생기게 되었다.

나를 지지하는 사람들 나를 사랑하는 사람들의 격려나 배려도 힘이 나게 하지만 내가 나를 사랑하는 시간을 우선적으로 더 마련해야 한다. 사랑은 하면 할수록 더 늘어나며 자기사랑이 커지고 나의 연결됨이 늘어나면 그 사랑은 주변으로 훨씬 더 크게 확대된다.

우리는 변화를 바라보면서 성장을 위해 생각하고 움직이라는 메시지를 순간순간 받고 있다. 수백 명의 손님들을 만족시킬 자신이 있었지만 두 명의 아이를 키우는 것은 오히려 더 힘들었다. 나에게 분명 변화와 더 성장하기 위해 움직이며 밖은 비우고 내면을 채우며 가장 중요한 나를 위한 에너지를 만들어내라고 하는 메시지였다. 지금 나는 스스로를 사랑할 수 있는 엄마가 되어가는 중이다. 그리고 힘든 시기를 겪는 엄마들에게도 꼭 말하고 싶다.

돈으로, 육아 템으로, 장난감으로 아이를 결코 만족시킬 수 없다고, 엄마 자신을 사랑하는 시간을 충분히 채우는 순산 아이도 남편도 행복해진다고. 그 시간을 꼭 마련하는 것이 전뇌육아의 순서라고 말이다. 적극적으로 원하는 것을 남편에게 가족에게 말하라 얻어내라 엄마의 내면을 채울 시간을 최우선으로 마련하라.

일시적인 정리가 아니라 마음의 정리도 함께 _____

<신박한 정리>라는 방송의 출연자들을 보면서 집을 치우고도 한 달이 지나면 도로 엉망이 될 것이라고 말하는 사람들이 있다. 그것은 그 사람들이 집을 정리하는 과정에서 얼마나 자신이 허전함을 물건으로 달랬는지 돌아보는 시간의 깊이에 따라 차이가 크게 날 것이다. 물건에 뒤덮여 있는 삶의 초점을 스스로 바꾸지 않는다면 다시 돌아갈 수밖에 없다. 그래서 일회성 정리보다 장기적인 마인드의 교정이 필요하다.

<신박한 정리>에서 피디도 기억에 남는다는 출연자라고 한 사람은 개그맨 정주리였다. 남자아이 셋을 낳고 육아로 인해 자기 일을 미루어 둘 수밖에 없다며, 눈물을 쏟는 그녀의 모습이 내 모습과 비슷했다.

한창 아이들이 어릴 때 집은 정리에 어느 정도 한계가 있다. 터울이 있는 아이들 때문에 책과 장난감을 처분을 못 해, 이고 지고 살아야 한다. 침대위에 엉망으로 올려 진 인형과 헝클어진 이불을 화면으로 보던 지친 엄마들은 같이 눈물을 흘렸다. 그런 그녀의 용기로 그녀의 집은 달라질 것이다. 생각만 하는 사람이 아니라 용기를 내 행동으로 실천한 사람이기 때문이다.

사람들이 이런 방송을 보며 소유에 대한 생각이 크게 달라지고 행동으로의 변화로 이어지는 사람이 점점 많아지는 것 같다. 한번 크게 가치의 차이를 깨닫게 되면 머리끝에서 발끝까지 속 저 깊은 곳까지의 변화의 열정이 기억될 거로 생각한다. 그러면 다시 엉망인 생활로 돌아가고 싶지 않아 어떻게든 노력할 것이다.

생활 전반을 체크하고 자신의 내적 외적 문제점을 알 수 있도록 이제 정서적인 정리와 버림을 시작해야 할 것이다. 더는 욕망을 물건으로 채우는 삶을 살지 않도록 교육과 깨달음을 계속 잊지 않게 하는 지속적인 프로그램이 필요하다.

좌뇌가 우세해진 엄마의 계획과 평가 새로운 계획의 시도로 포화상태가 된 삶을 조금 내려놓고, 우뇌의 여유로움 지금 이 순간 그대로의 평화를 받아들이는 시간을 열어두는 마음을 배우는 자세로 아이를 키운다면 어떨까?

주기적으로 집을 치우듯이 마음을 비우는 노력을 할 수 있다면 그것은 아마도 정리가 유행인 심플한 집의 모습에 누구보다 어울리는 단순하고 평화로운 사람들의 만족에 가득 찬 삶의 모습이 되리라 생각한다.

청소는 하루만 해서 끝나지 않는다. 깨끗한 순도의 무엇이든 시간이 지나면 오염된 더러운 상태가 되어버린다는 과학에서의 엔트로피의 이론처럼 자연의 사이클에 맞추어 외면과 내면의 버리는 습관이 몸에 배도록 천천히 마음의 정리와 청소를 시작해 보자.

가족을 위한
소박한 집밥

  어릴 적 엄마는 밥은 아랫목에 있으니 꺼내 먹으라고 하면서 이불속의 스테인리스 밥그릇을 보여주고는 밥상 보를 덮어둔 작은 상을 방 한 가운데 두고 일하러 가셨던 기억이 있다. 언니와 나는 아랫목에서 꺼낸 아직 따뜻한 밥을 상에 올려두고 엄마가 담아둔 반찬 중 어떤 것을 먹을까 생각하며, 소꿉놀이를 하며 먹었다. 그때 색동 모양 밥상 보를 여는 순간은 마치 선물을 열어보는 것 같았다. 아랫목 이불 속 따뜻한 밥은 외로움이 아니라 오히려 엄마의 사랑을 기억하는 추억이 되어있다.

  곁에 꼭 있어야 해 줄 수 있는 게 아닌 것이 집밥이다. 미리 조금이라도 먹을 수 있는 준비 하고, 일하러 간 엄마의 마음을 아는 아이들은 꼭 눌러 담은 사랑 한 그릇을 싹싹 비워가며 자란다.

  나는 요리에 자신이 있었다. 슬프게도 말 그대로 '자신'만 있었다. 실제 해보니 잘 안되는 거였다. 여기저기 세계 유명한 곳을 다니며 먹어 본 경험도 있으니 내가 마음잡고 요리하면 잘할 거야 하고 내심 나의 능력을 과신했다.

그런데 혼자서 살 때는 혼자라서 밥을 잘 안 했고, 결혼하고 일할 때는 새댁다운 꽃무늬 앞치마를 입고 분주하게 노력했지만, 근사한 한 상을 차린 게 아니었는데도 너무 힘들었다. 맛이라도 있으며 좋았겠지만, 연기를 잘하는 남편도 표정 관리가 안 될 정도로 갸우뚱하는 정체불명 요리 대잔치였다. 비행을 다니느라 제대로 할 시간이 없어서 그렇다고 변명했는데, 웬일인지 아이들을 낳고 진짜 주부가 되었는데도 요리에 대해서는 할 때마다 서투른 느낌이었다.

매번 그때그때 하는 기본 요리만 하다 보니 아이들은 자주 새로운 뭔가를 먹고 싶어 했다. 사찰 요리를 잠시 배우고 요리 앱으로 다양한 것을 시도했지만 뭔가 요리를 잘하고 싶다는 부담감에 늘 힘들었다.

그럴 때 아빠의 필살기 파스타를 부탁하곤 했다. 남편이 결혼 10주년 이벤트를 위해 쉐프인 친구에게 배웠던 파스타는 그가 할 수 있는 몇 가지 안 되는 요리 중의 하나다. 내가 힘들 때 남편의 파스타 요리는 우리 가족 모두에게 행복한 맛있는 시간을 만들어줬다.

그렇지만 매번 밥을 하는 쪽은 나인데 아이들한테 인기 있는 쪽은 아빠가 만들어준 파스타고, 왜 밥은 그렇게 시큰둥한지 속상했다. 내가 아이들에게 보이는 맛을 생각 안했나 싶어, 예쁜 접시에 담아보며 상차림을 신경 썼지만 하루 세끼를 완벽하게 잘해보겠다는 마음은 나를 더 지치게 했고 한 끼를 잘 차리면 그다음 끼니는 간단한 것으로 때워 버리는 악순환이 거듭되었다.

《심플하게 먹는 즐거움》(위즈덤하우스)의 저자 도이 요시하루는 가정요리의 본질과 지속가능한 식사에 대해 이야기했다. 요리한 사람에게 그 요리를 맛있게 먹어주는 것만큼 행복한 일은 없다며 그런 맛에도 다양한 방식이 있다고 한다. 어머니의 요리에 가족들은 보통 아무런 평가를 내리지 않는다며 그것은 그럭저럭 맛있다고 말하는 것이나 다름없다고, 평소처럼 마음 편히 먹을 수 있기 때문이라고 하는 구절에서 변변치 않지만 가족을 위해 내가 차린 밥상에 용기를 내게 되었다.

'그럭저럭 맛있는 맛' 어릴 때는 모르지만 독립해서 나중에 내가 밥을 하게 되면 알게 된다. 그 맛이 너무 그립고 좋은 엄마의 손맛이라는 것을. 나는 그런 평소의 늘 먹는 편안한 맛을 주는 집밥의 중요성을 아는 사람이었다.

우리 몸을 위한 다면

아이를 젖으로 먹여 키우면서 신기했던 것은 이것만 먹고도 어떻게 사람이 이렇게 포동포동하게 살이 찌고 몸이 크는 것일까? 젖이라는 것의 영양에 새삼 놀라웠었다. 내 아이를 키우는 그 영양을 내가 만드는 중이며 내가 내 몸으로 아이를 키우고 있는 순간이었다. 그런 아기가 자라서 젖만으로는 부족해 이유식을 먹고 밥을 먹게 되면서, 어떻게든 좋은 것을 챙겨 아이를 키우겠다는 생각으로 유기농 매장을 들락거렸다.

몸의 세포는 그 음식을 하나하나 자신의 것으로 만들면서 자기를 스스로 키워왔다. 어떤 것이 자기와 닮았는지 누가 어떤 마음으로 만들었는지 세포들은 알고 있는 것 같다.

여러 실험에서 알려져 있듯이 사랑과 감사의 긍정적인 말과 글, 부정적인 말 또는 음악의 종류에 따라서도 물의 결정도 모양이 달라진다고 한다. 우리의 몸은 70퍼센트 이상이 물로 이뤄져 있어 몸은 자신을 키우는 음식에 따라 반응할 것이다. 사랑하는 가족을 위해 만든 아름다운 결정의 음식을 먹을 때 편안한 행복감을 느끼고 몸이 깨끗해지는 느낌은 된장과 김치로 가족 고유의 맛을 이어온 어머니, 그 이전 할머니의 에너지가 담겨 있기 때문일 것이다.

몸의 세포는 좋은 음식을 알고 있다면, 뇌는 어떨까?

뇌는 시각적인 변화, 감각의 작은 변화에도 반응하도록 되어있다. 그래서 새로운 음식에 호기심이 생기기도 하고, 한번 강한 자극을 받아보았던 어떤 맛을 반복적으로 느끼고 싶어 중독에 빠지기도 한다.

어쩌다가 강렬한 인스턴트의 맛에 접하게 된 순간 최고의 것으로만 키워온 아이가 자극적인 것에 감각을 온통 빼앗겨 버리게 되는 일에 우리는 어떻게 해주면 좋을까?

첫째가 어릴 때 인천공항 면세점에서 사은품으로 컵라면을 주길래 받아 들고 기내에 탔다. 딸아이는 장거리 비행에 지루해 주위를 둘러보다가 컵라면을 드시는 근처 손님을 보고 우리도 아까 선물 받은 컵라면을 먹자고 졸랐다. 그동안 한 번도 라면을 접해보지 못했던 아이라 매워서 분명 못 먹을 거라 겁을 주며 한 젓가락 건넸다. 후루룩! 잠시 동공지진을 일으키더니 "더 주세요"하는 거였다. "맵지 않아?"라고 물었지만 대답 없는 아이는 모자라다고 더 달라고 하더니 결국 혼자 한 사발을 다 먹고 볼록한 배로 잠이 들었다.

라면은 먹기 전 그 냄새에 군침이 돌고 한입 후루룩 먹을 때 그 오돌돌한 면발이 입속으로 들어오는 느낌에 혀가 기쁘다. 비행에서도 손님 한 분이 라면을 요청하면 라면냄새는 기내를 진동하며 퍼져나가 어느새 손님 거의 다 라면을 드시고 계신다.

평소 잘 먹지도 않는 라면도 기내에서는 별미로 느껴지게 하는 마력을 가지고 있다. 딱히 할 일없는 긴 시간 좁은 공간 속, 맛을 정상적으로 느끼기 힘든 낮은 기압과 건조한 기내 환경에 뜨겁고 얼큰한 국물로 강한 자극을 얻고 싶은 사람들의 마음을 라면이 딱 채워주는 것이다. 그런데 라면은 내 몸이 먹고 싶은 걸까? 뇌가 먹고 싶은 걸까? 더 새로운 것을 찾고 시도해보는 미식가적 맛의 탐구 여행도 삶의 재미라고 생각한다.

하지만, 정신적인 허기를 실제 배고픔으로 느껴 다양한 식이장애도 많이 발생되고 있다. 가끔 티브이광고를 보다가 뇌의 강한자극에 이끌린 반응대로 한밤중에 라면을 끓여먹다 다음날 부은 얼굴에 후회할 때도 있다. 무의식적으로 광고나 강한 맛에 중독되어 조종당한 나를 음식이 아니라 뇌를 위한 음식만 먹다 몸은 엉망이 되고 있지 않은가 생각해 보아야 한다. 유혹에 취약한 뇌를 만족시키느라 가끔 기념일에 멋진 곳에서의 외식도 좋고 가벼운 군것질도 파티의 흥을 돋우기 위해서는 필요할 수도 있다. 하지만 인간을 키우고 건강을 유지하고 사랑과 행복을 주는 집밥이라는 변하지 않는 밥심을 믿고 싶다. 가족이 없는 집밥이나 집밥 없는 가족의 미래는 상상하고 싶지 않기 때문이다.

그래서 가족이 내 요리에 반응이 없어도 맛의 의미보다 생명과 건강을 책임지는 소박한 집밥을 차려내는 일에 나 스스로 대단한 일이라고 칭찬해주고 있다. 밖에서 먹는 다양한 음식에 어쩔 수 없이 노출되더라도 소박한 집밥을 지속적으로 지켜내는 것은 가정에서 할 수 있는 사랑의 실천이라고 생각하려 한다.

어머니의 최선의 노력을 더한 '짓다'의 전통적 집밥이 아니더라도 '만들다' '하다' 때로는 사와서 '차리다' 정도의 현대식 집밥이라도 가족이 함께 나눌 수 있다면 최고의 음식이 될 것이다.

집밥은 SNS에 자랑하는 요리가 아니다. 내 가족을 생각하는 사랑하는 마음을 담은 그 온전한 결정체 모양을 집밥이라는 이름으로 그릇에 담아 매일 나누는 것이다. 그렇게 생각하고 만드는 소박한 밥상에 아이들은 '잘먹었습니다.' 하고 각자의 빈그릇을 들고 씽크대에 올려둔다. 자극적인 맛이 아닌 뱃속이 따뜻하게 채워진 사랑의 포만감을 느끼면서 각자 자신만의 놀이로 천천히 빠져드는 모습에 아랫목에 이불로 덮어둔 밥을 꺼내먹고 잘 놀던 내 어린모습이 겹쳐진다.

오랜만에 부산에서 엄마의 반찬이 왔다. 딸이 책 쓴다고 몸 상할까 봐, 엄마는 정성 가득 담은 밑반찬을 보내주시면서 손녀를 위해 따로 사랑한다는 편지와 과자를 담아 보내셨다. 아이는 외할머니가 보내주신 반찬과 편지에 행복하게 저녁을 먹고, 과자를 먹었다. 평생 일하시느라 나를 못챙겨줬다고 미안해하시는 나의 엄마는 이제 손녀딸까지 챙겨주시며, 사랑을 전해주신다. 할머니의 맛이 엄마의 맛으로 앞으로 또 나의 딸의 아이에게 전해주며 이어질 '그럭저럭 맛있는 맛'의 집밥을 퍼서 오늘도 그릇에 담는다. 모자라면 더 채우고 넘치면 덜어 내가면서 집밥에 담긴 사랑을 이어간다.

2-8

도서관 옆집 살이
-도서관 놀이터, 하브루타의 힘

아이처럼 쓰는 엄마

아이들은 책을 쓴다는 엄마에 대해 이상하다고 느끼지 않는다. 아이들은 언제나 자신만의 책을 쓰고 있었기 때문이다. 엄마도 자신의 이야기를 쓰는구나. 그렇구나 하는 것이 나는 신기했다. 나는 그동안 책은 아무나 쓸 수 있는 것이 아니라고 생각했는데 우리 아이들은 대수롭지 않게 생각했다. 오히려 좀 서운하다 생각이 들 만큼 그냥 일상적인 반응이었다. 아이들의 그런 반응에 용기를 얻었다. 그렇게 아이들처럼 대담한 창조를 해보고 싶었다. 누구의 눈치를 볼 필요 없이 지금 자라온 만큼의 그림 그만큼의 표현, 하지만 나만 할 수 있는 컬러, 그것을 그려가는 것이 우리들의 삶이다. 그 각자의 삶의 이야기는 모두 소중하다는 생각을 가지며 책을 읽어주면 좋을 것 같다.

나의 책을 고르다

아이들의 책을 사주러 간 중고서점에서도 나는 내 책 한 권이라도 마음에 드는 것을 만나려고 눈을 부릅떴다.

책을 두루 읽어보기에 도서관도 서점도 좋아하지만, 중고서점도 종종 들른다. 중고서점은 아이들에게 두 권씩 고르라고 인심도 쓰고 나도 책을 사도 덜 아까운 느낌이라고 해야 할까? 뼛속까지 절약인 나는 그런 것에도 희열이 생겼다.

책은 우리가 함께 있으면서 자신만의 세계로 빠져들게도 하고 대화 나누면서 자기가 만든 세계로 초대하기도 하며 서로의 마음속의 이야기를 이어준다.

중고서점에서 생일 선물을 고르겠다고 장난감을 사달라 조르지 않는, 이제 8살이 된 남자아이의 변화에 놀라기도 했다. 책을 사오면 아이들은 만화든 동화책이든 열중하며, 다 같이 몰입해 들어간다. 내가 고른 책을 들여다 보면서 나에게 우연히 다가온 낯선 책의 끌림에 설레기도 했고, 또 전부터 읽고 싶었던 책을 반값에 발견해 주부의 행복감에 신나기도 했다. 이런 나의 옆에 아이들이 서로 기대 앉아 책에서 재미있는 장면을 나누며 깔깔 웃어대는 순간마다 책육아의 보람을 크게 느꼈다.

자기 전 가장 재미있는 장면에서 멈추고 그 부분에서 "이제 내일 읽자~"며 장난치면 왜 여기서 끝나버리느냐며 난리가 나기도 한다. 밤마다 책 붙들고 우리만의 연극놀이하던 아기들은 점점 커서 제법 그럴듯한 연극을 꾸며낸다. 그렇게 책은 우리 가족의 삶에 꼭 필요한 부분이 되었다.

두 아이 책 육아: 도서관 옆에 살다

국내선 근무할 때, 중간에 비는 시간에는 김포공항 서점을 갔다. 그곳을 제일 좋아했다.

책을 읽지 않아도 여러 책을 구경하는 것만으로도 행복한 서점.

그리고 대형서점에 가면 꼭 같이 붙어있는 문구 코너에서 마음에 드는 펜과 노트를 골라보는 것도 소소한 재미 중 하나였다.

결혼하고 어느 날 남편이 나를 보더니, '당신은 문근영'이라고 불러 놀랐다. "어머 정말? 나 그렇게 어려 보이나?" 하고 거울을 보며 되물으니 "당신은 문근영이 아니라 문구녀~~~"라고 놀릴 정도였다.

키덜트가 유행이다. 다 큰 성인이 어렸을 때 좋아했던 것을 찾아내는 사람은 주변에서 쉽게 찾을 수 있다. 그들은 꼭 물질적으로 결핍이 돼서 그런 것이 아니라, 성인이 된 후 자신이 진정으로 원했던 것을 찾아가는 모습에서 긍정적인 부분을 발견할 수 있다. 내 경우는 읽고 싶은 책을 마음껏 사서 읽겠다는 책에 대한 결핍이었다.

어릴 때 나는 혼자 언니를 기다리고 있을 때가 많았는데 늘 집에 있는 책을 보고 놀았다. 집의 책을 웬만한 걸 다 보고 같은 책을 여러 번 읽다가 결국에 흥미를 잃어버렸던 기억이 났다. 너무 읽고 싶은데 없어서 못 읽었던 슬픈 기억. 언니 교과서까지 다 읽어버려 혼자 늘 자율

선행 학습하던 나의 어린 시절. 자라고 나서 "엄마 왜 도서관에 나를 좀 데려다 주지 않았어요~" 하고 원망하기도 했지만 그때 우리나라에 도서관이 지금처럼 집 가까운 곳에 없었다는 것을 알고 나니 서점도 도서관도 그 시대 때는 힘들었겠구나. 어려웠던 과거를 이해하게 되었다. 그러고 나니 나의 아이들에게는 나의 결핍을 메워주고 싶었던 강한의지가 생겼다.

마음에 드는 집인데 위치가 도서관 근처라니 그 집을 선택할 이유 중에 나의 내적 결핍을 채워줄 퍼펙트한 곳이었다. 내가 더 기뻤던 '도서관 가까운 집' 이었던 것이다.

도서관에서 노는 아이들

나는 아이를 유모차 태워 도서관에 들러 산책했다. 아장아장 걸음마 하던 돌 무렵에 아이의 도서 대출증을 만들고, 낙엽 지는 도서관 뒷산에서 낙엽 눈 뿌리고 도서관 식당에서 간식 먹고 봄이 되면 철쭉 덤불 뒤에서 숨바꼭질하고 놀며 유아기를 보냈다. 그림책과 도서관과 숲과 놀이와 행복이 아이와 내 추억 속에 가득하다.

지금도 도서관에 가자고 하면 오예~하면서 따라나서는 아이. 물론 둘째는 한자 학습만화를 빌리러 가는 것이지만 어릴 때부터 지금까지도 도서관은 우리 집 앞의 즐거운 놀이터다. 아이들에게 도서관 가는 길은 공연장 가는 길이기도 했고, 놀이터에 가는 길이기도 했다. 도서관에 가는 길에 있는 야외무대에서는 사람들 없을 때 독무대로 노래도 부르고 춤도 추고 연극도 하였고, 눈이 오던 날은 도서관 언덕 경사길은 우리 집 앞 단독 썰매터였다. 여름철 야외 행사도 있었고 단풍 물드는 가을에는 도서관 뒷산에서 도토리를 줍기 놀이하다가 다시 도토리 대포 발사 놀이를 했다. 도서관 행사에 참여해서 미니책을 만들기도 하고, 영어책 읽어주기 봉사하시는 선생님의 수업에서는 전에는 몰랐던 좋은 영어그림책들과 친숙하게 놀다오기도 했다.

도서관은 아이들에게 아장아장 하던 아기시절부터 초등학생이 된 지금까지 매년 매 계절 즐거운 추억들로 놀이터를 대신해주었다. 영어책 읽어주는 봉사를 하셨던 영어 선생님은 가끔 중학생 딸이 와서 보조해 주곤 했는데 그 모습이 너무 좋아 보여서 나도 영어책 읽어주기 봉사도 지원해 교육도 받고 자원봉사활동을 하면서 좋은 경험을 했다. 아울러 연습하는 가운데 우리 아이들이 엄마의 봉사에 관심을 가지고 도와주려 하면서 더 뿌듯하고 즐거운 책읽기 활동을 하게 되었던 것 같다.

영어책 읽어주기 봉사 중에 도서관 행사가 있으면 영어 연극에 참여해 다른 엄마들과 함께 연습하고 보낸 시간도 의미 있었다. 누구라도 할 수 있지만, 에너지가 필요한 일이었다. 자신의 아이들을 키우는데도 바쁜 엄마들이지만, 신기하게 함께 모여 다른 아이들을 자기 아이처럼 정성껏 돌보며 엄마 선생님이 되어 도서관을 채워주는 모습에 일을 하고도 감동을 받은 시간이었다.

좋아하는 일인데 봉사할 수 있는 기쁨을 얻게 해준 도서관은 아이를 위한 도서관이기도 하지만, 나에게도 너무나 소중한 곳이 되었다.

세상이 아무리 온라인 인터넷에 정보가 널려있다 해도 책에서 얻을 수 있는 깊이 있는 정보를 통한 통찰은 다른 사람이 가져갈 수 없는 자신만의 능력이 될 수 있다. 뇌는 힘든 것을 싫어하지만 달콤한 책 한 권 독파를 경험하는 시간이 늘어가면 한 권 한 권씩 나무만 보며 읽는 독서의 수준을 넘어서 전체 숲을 볼 수 있는 아이들로 자랄 수 있을 것이다.

도서관이 놀이터가 되고 세상 제일 즐거운 공간으로 데려다줄 부모의 가이드도 꼭 필요하다.

도서관 옆집으로 이사할 순 없더라도, 도서관으로 아이와 무조건 데이트라도 하러 가자!!

잠자리 책읽기 15분

아이를 위해 책육아를 하느라 억지로 15분이라도 읽어 주려 하는 엄마는 힘들지도 모른다. 그런데, 나는 내가 동화라도 읽는 시간이 너무 좋아서 아이들과 밤마다 이불위에서 읽고 연극하고 놀았다. 엄마가 좋아해야 하는 잠자리 책읽기가 즐거울 것이다.

육아에 지칠 때, 함께 독서등을 켜고 머리맡에 모여앉아 양쪽 내 무릎에 기대어 함께 같은 페이지를 읽으며 서로 읽어 보겠다고 연기 대결을 펼치며 깔깔 웃는다. 두 아이의 사이에서 책은 나의 보모였고 책이 나를 즐겁게 하는 코미디 프로였고 책은 세상 누가 연출할 수 없는 무한 시리즈 드라마였다. 티브이를 보지 않는 아이들은 자신들의 시리즈를 만든다.

책을 바탕으로 스스로 만드는 자신만의 시즌 원, 시즌 투를 이어나간다. 나는 아이들이 만드는 이야기들이 너무나 재밌고, 대견해 놀라지만, 사실 인간은 오래전부터 이야기 듣기를 좋아하는 어린아이이자, 기발한 이야기꾼이기도 하다. 책육아는 부모에게도 아이에게도 그 사실을 실감하게 해준다.

책육아는 진리고 사랑이고 행복이고 그것으로부터 서툰 엄마의 사랑이 점점 깊어져 왔다고 감히 말하겠다. 나의 아이를 알고 싶다면 책을 들고 같이 읽고 같이 이야기하자. 진심은 갑작스러운 질문에서 대답으로 나오지 않는다. 책이라는 스토리에 아이들의 마음이 젖어 드는 순간에 가슴이 열리고 터져 나온다.

그리고 그것으로 감정 연결에 서툰 엄마는 아이를 매만져 줄 수 있다. 엄마의 사랑을 전할 수 있다. 잠자기 전, 무릎 위에 기댄 아이 머리위에 엄마 입술이 가만히 기대는 순간에 우리의 연결된 교감은 온 방 안과 아이의 세계를 가득 채운다.

책은 혼자 읽어도 엄마품을 느낀다
-독서가 편안함과 행복이 되는 이유

책을 보고 있는 그 순간 아이들이 엄마품이라고 느끼도록 만들어주는 시간은 3년이라는 말도 있지만 조금 더 길어 질 수 있다. 우리 집 아이들은 초등학생이지만, 아직 엄마가 읽어주는 책도 듣고 싶어 하기 때문이다.

아빠다리하고, 앉은 다리에 쥐가 나도록 통통한 내 아이는 나의 무릎 위를 떠나지 않고 책을 가져왔다. 머리냄새 쿵쿵 맡으며 읽어준 책들, 나의 배와 아이의 등을 맞대고 이쪽 귀로 저쪽 귀로 볼을 부비며, 함께 읽어온 책들이 쌓여가는 시간은 너무나 행복했지만 어쩔 땐 끝도 없이 길게 느껴 지기도 했다.

그렇지만 천천히 혼자 읽기 시작한 아이는 책을 읽고 있는 시간이 엄마품에 있는 것 같은 표정이었다. 언제나 책을 읽을 때 따뜻하고 편안했던 그 느낌 그대로 책은 엄마품이었던 아이의 표정을 나는 바로 알 수 있었다. 혼자 읽을 수 있지만 지금도 함께 읽는다.

엄마의 목소리와 편안함은 태어날 때부터 들었던 자신만을 위한 자장가였다. 아이는 지금도 엄마 목소리로 충전하고 미소를 띠고 잠이 든다.

엄마 하브루타 공부

아이를 무릎에 앉혀 수많은 책을 읽어주면서 나는 그것으로 교감하고 있다고 생각했고 아이도 너무나 책을 좋아하고 우리는 매일 책을 매개로 해서 이야기 나누고 놀았다고 생각했다. 책을 읽어달라고 하면 그 자리에 앉아서 시간 가는 줄 모르고 읽으면서 구연동화, 연극, 독후 활동을 작게나마 하며 즐겁게 놀았다. 나는 무척 책을 잘 읽어주는 엄마라며 자신 있어 했었다. 하지만 하브루타 질문법을 연습해 보고 나서는 뒤통수를 크게 얻어맞은 것처럼 나의 책읽기에 뭔가 큰 것이 빠진 걸 알게 되었다. 나는 좌뇌 위주의 읽고 이해하고 그냥 끝내는 책읽기를 그동안 해왔던 것이었다.

시작은 도서관 부모 교육 하브루타 수업이었다. 신청은 선착순이라 알람을 맞춰두고, 매우 빨리 등록했는데, 다른 일과 겹쳐 결국 취소했었다. 그러다 회사 후배와 하브루타 이야기를 우연히 하게 되었고, 그녀는 내가 취소했던 그 수업을 들었으며 그 이후에도 강사님이 계속 추가 수업을 해주신다는 희소식을 들었다.

그때 나는 결국 이 수업은 내가 어떻게 해도 듣게 될 것이었구나 하는 운명 같은 느낌을 받았다. 너무 좋았던 추가 수업이었고 몇 주간의 수업이 끝난 후에도 함께 했던 멤버들은 스터디를 이어가며 모임을 계속 해온 것이 벌써 3년이 넘어가는 중이다. 하브루타에서 지금은 하브루타를 접목한 독서토론으로 진행되고 있으며 가벼운 책부터 두꺼운 벽돌 책이나 고전까지 도전해 보며 매주 1회씩 만나 이야기를 나누었다. 하브루타가 무엇인지 궁금해서 듣게 된 도서관 문화강의가 이렇게 나의 인생에 큰 의미를 갖게 되는 시간이 될 줄은 몰랐다. 강의를 해주셨던 《파워풀한 교과서 과학토론》의 남숙경 원장님은 이후에도 토론 시리즈 책 발간을 계속하시며 바쁘셨지만, 위대한 사람이 되기 위해서는 위대한 사람들의 모습대로 살기로 하셨다며 도서관 강의를 무료로 나눔 해주셨고, 그 이후 강의도 마찬가지였다. 모임을 계속 이어나가도록 학원키를 복사해주셨던 원장님의 배려에 매주 한번 열정적인 책 이야기를 나누러 나는 앞치마를 벗어던지고 짧은 여행을 떠났다. 기저귀고, 젖병이고 애들과자도 없는 내가 좋아하는 책과 노트북, 필통만 달그락거리는 가방을 매고 떠나는 길은 나 자신을 성장시키는 사색의 길이 되어주었다.

하브루타 : 전뇌독서

하브루타를 경험하며 질문의 힘이 이렇게 센지 몰랐다.

질문할 때 4가지로 분류해서 적어보면 좋다.

먼저 '사실질문'을 한다. 내용의 사실을 파악해 보면서 질문해보는 것이다.

    예 '왜 토끼는 거북을 놀렸나?' '왜 토끼는 낮잠을 잤을까?' '거북이

는 왜 경주를 하자고 제안했을까?' '심판 여우는 어디에 있었을까?' 등

두 번째는 '상상질문'으로 상상력을 자극하는 질문을 하는 심화단계다.

> 🄰 '만약 내가 내가 토끼라면?' '만약 토끼가 낮잠을 안잤다면?' '만약 2번째 경기는 누가 이길까?' '거북이는 자기가 이길 줄 알고 경주했을까?' '만약 토끼에게 내리막길처럼 불리한 경기코스였다면 토끼는 잠을 잤을까?' 등

세 번째는 '적용질문'으로 실생활 속 유사한 경험에 대한 질문을 한다.

> 🄰 '누군가 못할 때 놀린 적이 있는가?' '불리하더라도 도전해 본 적이 있는가?' '자만심에 실수 한적은 없는가?' 등

네 번째는 '종합질문'으로 종합적으로 생각해보고 교훈이나 시사점에 대한 정리해본다.

> 🄰 '이기고 지는 것은 다른 사람이 아니라 나 자신과의 경쟁이다.', '인생의 최종 도착지에 다다를 때 어떤 사람이 되고 싶은가?', '경쟁사회에 살면서 같이 가야할까? 혼자 가야할까?' 등

수많은 질문을 하며 이야기꽃을 피울 수 있는 이야기를 그냥 짧은 우화로 넘긴다. '게으름 피우지 말고 성실하게 살자!' 판에 박힌 교훈만 생각해 내고 책을 덮는다. 아이도 같이 덮는다. 스스로 단어 하나하나 왜 그랬을까 묻지 않고 단순하게, 빨리빨리 모든 것을 그냥 받아들이고 살고 있었음을 알게 되었다. 내가 그냥 덮고 말았던 그 이야기들에서 아이들의 궁금증도 그냥 덮여버리고 말았다. 마치 놀이동산에 놀러가서 청룡열차와 바이킹을 구경만 한 듯 나는 그동안 책을 타고 놀아보지 못한 것이었다.

하브루타 질문의 힘을 경험한 후 나의 모든 생각들과 판단을 돌아보게 되었다. 그리고 깊이 하나하나 질문하지 않고, 받아들이기만 했던 삶을 반성했다. 좌뇌적인 책읽기로 많은 책을 읽어왔지만, 나만의 렌즈를 가지고 비판적 책읽기, 생산적인 책읽기를 못했던 나는 우뇌적 책읽기를 보완해 좌우 뇌 통합된 전뇌적인 독서를 해야 했다는 것을 알았다. 전뇌독서의 가장 첫 단계는 질문하기다.

아이들은 이제 나와 함께 책을 읽을 때 서로 질문을 해댄다. 첫째는 질문 없이 그냥 빨리 읽던 버릇이 있어서, 가끔 말도 안 되는 질문을 하는 동생 때문에 너무 책을 오래 보고 있으면 빨리 뒷장을 읽고 싶다며 막 넘겨버리기도 한다. 첫째 아이의 취향은 추리책 읽기라 다음에 나올 내용이 너무 궁금하거나 결정적인 내용을 자신이 먼저 맞추고 싶어 뒷장을 바로 넘기는 것이다.

이제는 멈추고 나만의 생각을 만들어 내는 시간이 즐겁다. 함께 읽다가 멈추고 각자의 상상의 나래를 펼친 이야기를 서로 들어주다 아이들의 기발한 생각을 듣고 놀라는 매일 저녁 시간이 행복하다. 엄마가 목청 돋워 연기하지 않아도 아이들은 이제 책 뒤의 이야기를 지어낸다. 그리고 그다음 이야기를 만드는 것을 더 좋아한다. 책을 덮고 눈을 감은 아이들은 자신이 만들어낸 이야기로 꿈을 꾼다. 내가 만들어낸 상상 속 더 재미있는 이야기. 이렇게 아이들은 꿈꾸면서 자라난다.

나는 쇼핑하러 도서관에 간다

나의 도서관 방문은 일주일에 2~3회 정도로, 아이들 하교와 학원시간 짬짬이 다니느라 늘 분주하다. 아이와 함께 들르는 도서관에서의 30분은 조용한 시간이지만 눈빛과 속삭임으로 더 다정한 시간을 보낼 수 있다.

함께 책을 고르고 이게 좋겠다고 서로 추천해주는 시간, 친구처럼 아이와 함께 다정한 귓속말을 하는 시간을 나는 너무 좋아한다. 딸은 이게 데이트고 엄마와의 추억이 쌓이는 시간이다.

나는 비행하면서 면세점에서의 쇼핑보다 아이와 함께하는 도서관 책 쇼핑에 매번 내 가방 터지도록 담아온다. 돈도 안 내고, 멋진 책들을 마음껏 볼 수 있는 천국 같은 도서관. 집에 사둔 책도 물론 많다. 하지만 다 살 수는 없기에 도서관은 갖고 싶은 좋은 책을 발견하기 전에 선별 과정에서 특히 필요하다.

책 중에는 읽을 때마다 다시 새롭게 다가오는 고전에 해당하는 명작도 있지만, 책도 식품처럼 신선도가 중요하다. 나름의 유효기간이 있다. 나는 빌린 책의 '열정 유효기간'이 다하기 전에 바로 읽는 것을 좋아한다.

읽고 싶었던 책을 받아든 그 순간 그 한 권을 독파하는 것은 드라마 시리즈 정주행보다 나에게 짜릿한 순간이다.

딸아이와 저녁에 사각사각 각자의 책을 읽으며 키킥거리며, 조명 아래 함께 모여 있다. 장난감을 가지고 놀던 아들도 옆자리에 앉아 누나가 읽는 책을 기웃거리다가 옆에 둔 책을 열고 읽기 시작한다. 아빠도 함께 앉아 잠시 정적의 시간이 흐른다.

앞으로도 함께 이어갈 우리 가족의 정적 몰입 순간. 이런 저녁의 여유가 너무 달콤해 멈출 수 없이 반복된다.

2-9

엄마들의 우정이란
-엄마연대

《브레인 룰스》(프런티어)의 저자 존 메디나 박사는 부부싸움을 일으키는 원인 4가지를 이야기했다.

1. 수면부족
2. 사회적고립
3. 동등하지 않은 노동분담
4. 우울증

우리 부부는 첫째 아이를 낳아 키우는 동안 그다지 다툴 일이 없었다. 결혼 후 너무 기다리던 아이가 5년 만에 태어났으니 언제나 모든 일에 감사한 상태였다. 그때는 휴직 중이었고 아이의 돌잔치를 즈음해 복직

해야 해서 매일 아쉬운 마음으로 육아를 하고 있었다. 순한 딸아이의 재롱에 기쁨이 넘치고 어떻게 이 아이를 두고 일하러 가나 하면서 아이의 일상을 찍고 기록하고 남편과 최대한 함께하였다. 남편이 일에 바빠, 아이와 내가 얼마나 행복한 시간을 보내는지 못 보는 상황이 안타까웠고, 아이의 사소한 것을 공유하면서 가족이 된 시간을 즐기고 있었다.

복직을 앞두고 바로 생긴 둘째로 나는 휴직의 끄트머리에서 연속해서 휴직하게 되었고 첫째를 두고 비행을 가야해서 고민했던 모든 일이 해결되며 다시 행복한 임신 기간을 보냈다.

둘째는 뱃속에서도 종일 발로 뻥뻥 차며 태동이 요란했고, 여러 번 머리가 거꾸로 돌았다가 바로 앉았다가 하는 바람에 혹시 역아로 수술하게되면 어떡하나 고민할 정도로 활동적인 아들이었는데 낳아보니 신생아가 정말 에너지가 넘치는 것이었다. 매일 발로 차고 움직이고 자다가도 움찔거리다 놀라 일어나서 첫째 때는 전혀 필요 없던 각종 스타일의 속싸개, 스와들, 역류방지 쿠션을 새로 사야했다. 살짝 잠이 깨면 다시 재우기 너무 힘들었다. 늘 큰 눈을 부릅뜨고 두리번거리는 아기가 둘째로 태어나 나는 다시 초보엄마가 되어 우왕좌왕했다.

예상 가능한 기질의 첫째 아이를 키웠던 경험으로 얻은 육아자신감은 둘째의 예측불가능한 민감성으로 나를 좌절에 빠지게 만들었다.

숙련된 둘째 엄마의 육아 내공을 발휘해보겠다는 각오로 조리원에서 집으로 왔지만 밤새 깨서 울고 먹고 자는 아이를 돌보면서 무력감은 점점 심해졌다.

낮에는 도우미 이모님의 도움을 받거나 친정 식구들의 도움으로 잠시 좋아지는가 싶다가도 밤에 다시 지옥이 되풀이되는 과정을 기듭했다. 두 아이를 동시에 잘 재우고, 아침까지 둘 다 무사히 잘 자고 일어났을 때 자신감이 생겼다. 하지만 바로 다음 날 두 아이의 취침은 제각각이더니, 깜깜한 밤중에 앵~하고 울면 간신히 재운 첫째까지 깨서 집 안이 온통 울음바다가 되지 않게 쏜살같이 둘째를 등에 업고 울음이 잦아들도록 어부바를 하며 방을 뱅뱅 돌며 재웠다. 그러다 내가 너무 졸려 아이를 일찍 눕혀보려 얕은수를 써보다 1차시도에 실패하고 다시 재빨리 업고 두 배로 긴 시간을 엉금엉금 방을 돌다가 간신히 눕히고 나면 잠을 잔 것 같지도 않은 피곤한 온몸이 여기저기 쑤셔왔다. 그 모든 과정을 온몸으로 버티며 오롯이 지나가기를 바랬다. 이 악물고 살아 내는 것을 받아들일 수밖에 없어 시큰거리는 무릎을 감싸 쥐고, 눈물을 흘렸다(1.수면부족).

그 시기 남편은 <나는 가수다> 음악감독으로 집에 있어도 온종일 가수들과 제작진 사이의 소통을 위해 늘 전화하느라 바빴다. 아이를 돌보는 시간을 함께하기는커녕 나와도 대화를 나누는 시간이 턱없이 부족했다. 나는 순한 아이 하나 키울 때 자신감으로 나 혼자도 잘 할 수 있다고 오기를 부렸었다. 그나마 휴직 중 회사동료들과 친구들과 소통하던 SNS도 끊었다. 두 아이를 키우는 데 시간을 낭비할 수 없다고 생각하고 전투적으로 육아에 올인했다. 스스로 고립을 자초하고 집에서 아이들과 계속 씨름을 거듭했다(2. 사회적고립).

밤늦게 들어오는 남편은 아이들이 깰까 봐 다른 방을 썼고 아이 방에서 나와 아이는 밤새 울고 먹고 나는 부엌을 왔다 갔다 하는 좀비로 살았다. 내가 지난밤에 무엇을 했는지 남편이 모르는 상황은 지속됐으며, 아이를 함께 키워야 하는데 동등하지 않은 노동분담에 분노가 올라왔었다. 봤는데 못 본 척한 것도 아니고 볼 수가 없어서 알 수도 없었던 남편은 아마 억울했을 것이다(3 동등하지 않는 노동분담).

그때 살았던 집의 구조는 부엌 옆에 1층의 아이방과 2층의 안방으로 떨어져 있었다. 아침에 늦게 일어났던 남편은 어젯밤과 새벽의 분주함은 알 리가 없었고, 첫째 때 혼자 키우느라 집안일에 힘들었던 나는 둘째 때는 할 수없이 낮에 도우미 이모님의 도움을 받기로 했다.

22개월 된 첫째는 어린이집에 보냈다. 미리 보내 적응시키는 편이 좋다는 걸 알고 있었지만, 너무 이쁘기도 하고, 22개월 아가를 못 보낸다고 고집을 피웠다. 하지만, 둘째가 태어난 후에 어쩔 수 없었다. 첫째는 어린이집에 가는 것을 꽤 오래 울며 불며 적응을 힘들어 했다. 매일 아침 딸아이의 울음소리에 뒤통수를 마구 찔리며 발걸음이 안 떨어져 발을 동동 구르다 돌아오면 평화로운 늦은 오전에 일어나서 이모님과 둘째 아이와 웃고 놀아주는 남편이 부러워서 견딜 수가 없었다. 솔직하게 미웠다고 하자.

내 안의 마음이 평화로울 수가 없었고 분노와 우울함의 책임이 다 남편에게 있는 듯이 한마디 한마디에 날이 섰다. 남편의 내조를 위해서 밤에 잠을 잘 자고 일할 수 있도록 하기위해 내가 스스로 한 배려가 왜 이렇게 분노를 낳고 미움과 갈등을 일으키는 원인이 되었는지 혼란스러웠다.

잘 키울 수 있다고 자신했는데, 어떻게 하다가 이렇게 되었을까? 당장 집안일은 이모님의 도움을 받을 수도 있는데 내가 왜 이렇게 너그럽지 않은 마음이 드는 거지? 스스로 자책했다. 내 옹졸함을 자책하고 둘째를 어렵게 키우는 무능력을 자책했다.

육아는 두 번째 한다고 더 잘하는 것은 아니다. 아이마다 성향이 다르고 동시에 영아 둘을 키우는 상황은 또 다른 어려움이 존재한다는 것을 몰랐다. 아니, 알지만 무시했고 나는 할 수 있을 거로 생각했다.

아이를 키우는 것은 엄마가 통제해서 조절할 수 있는 일이라고 생각했다. 내가 조절하면 아이를 원하는 방식으로 유도해 이끌어갈 수 있다고 쉽게 생각했다.

그런데 잘 안됐다. 크면 클수록 더 복합적인 문제들이 일어났다. 순하던 첫째도 동생을 밀어서 '꽈당' 사고가 자꾸만 터졌다. 첫째와 따로 시간을 가지려 최대한 노력하고 있는데도 첫 아이가 보는 동생은 남편이 바람나서 데려온 여자로 느낀다는 이야기가 있는 것처럼 첫째는 분명 부족함을 느꼈을 것이다.

나는 점점 체력도 바닥이 나고 감정조절이 안 되어 사소한 일에 화를 냈다. 상냥하고 다정한 내 엄마가 자꾸만 기다리라고 하고 말을 해도 바로 들어주지 않으니 아이는 불안이 올라왔다. 첫째로서는 책을 들고 오면, 설거지고 뭐고 그 자리에서 무릎에 앉히고 즐겁게 한참을 읽어주었던 엄마가 변했다고 느꼈을 것이다. 불안한 아이는 더 책을 가져와서 수시로 무릎을 차지했다. 무슨 말을 해도 웃어주고, 손뼉 치던 엄마가 이제 아기를 재워야 하니, 조용히 하라는 말에 동생이 미웠을 것이다.

나는 첫째에게 동생 재워야 하니, 안 보던 영상을 계속 보여줬다. 첫째는 뽀로로와 너무 친해져 버렸다. 아이를 잘 키우고 싶다는 생각으로 영상물 안 보여주고, 책을 목 터져라 읽고 인형놀이하며, 최대한 아이에게 반응해오던 나는 둘째를 낳고 내 계획대로 하나도 못 하는 상황에 괴로웠다.

눈만 마주쳐도 아이가 원하는 것을 미리 알고 움직이고 반응하는 나의 이 밀착육아에 아이가 길들여져 있어서 오히려 두 명의 아이를 키우는데 독이 된 상황을 뒤늦게 깨달았다. 최선을 다한다고 한 방법에 내 품이 너무 많이 들어 아이 혼자서는 논 적이 없다는 것을 알았다. 아이도 갑자기 혼자 기다려야 한다니, 충격이 클 수밖에 없었다. 그런 생각을 하니, 혼자로도 둘을 잘 키우겠다는 내 자신감은 산산조각이 났다. 매일 밤 전쟁터의 패배자 얼굴이 되었다. 우울했다(4. 우울증).

그렇게 부부관계도 싸움을 일으키는 4가지 요인들을 차근차근 밟아

나가다가 보면, 시간이 지날수록 더 곪아간다. 싸워서 곪은 상처가 터져서 해결이 되기도 하고 더 엉망이 되기도 한다. 내 경우는 여자들의 우정으로 나의 문제들을 많이 이겨나갈 수 있었다.

하루에 수천 명을 만나고 매일 많은 승무원과 반갑게 이야기를 나누며 여성들과의 우정 연대를 즐기며 다져왔던 내가 그 모든 관계를 딱 끊고, 스스로 둥지를 틀고 가정을 꾸리는 가운데 나는 내가 고립되어 외로울 것이라는 생각을 잠시 했지만, 그것이 아이와 가정을 위해 '잠시!' 정말 잠시 일어나는 일이며 내 우정들은 나중에 이어지게 될 것이라는 안일한 생각을 했던 것 같다.

생각보다 그 고립은 길었으며 육체적인 가사노동과 수면부족과 심리적 우울의 동굴은 끝이 보이지 않았다.

엄마인 나를 가장 잘 아는 친구 조리원 동기들

산후조리원 동기 모임, 회사 동기 모임, 유치원 엄마 모임 등 옅은 끈이든지 진한 우정이든지 내 주변에서 그런 관계의 끈이 있다면 온라인이든 오프라인이든 만나고 연결하여서 고립을 스스로 탈출하려는 노력이 필요하다. 나는 조리원 동기들과의 카톡 대화방에서 서로 이야기 나누며, 우울함을 이겨 나갔다.

회사 친구 외에 아무도 모르던 타지에서 신혼생활을 하게 됐던 나는 첫째 아이를 낳고, 옆자리에 앉아 밥을 같이 먹으며 처음으로 3명의 동네 친구를 사귀었다. 문화센터에서 함께 만나 아이들이 자라는 이야기, 인생 이야기 나누며 아이를 키울 때 외롭지 않을 수 있었다. 이런 좋은 인연들이 너무 소중하게 느껴졌다. 그래서, 둘째 조리원에 입성했을 때는 작심한 듯 9명이라는 많은 조리원 동기들과 인연을 맺게 되었다. 매년 아이들을 앞혀 놓고, 돌 때 기저귀 단체촬영부터 7세 어린이가 될 때까지 함께 모여 기념촬영 할 정도로 매년 대가족의 모임을 이어왔다.

둘째 엄마로서 첫 아이를 낳은 그들의 고민을 듣고 위로해 주면서 내가 위로 받는 마음으로 같이 울고 웃었다. 힘든 과정을 지나가고 있는 우리들을 거울처럼 바라보는 것은 서로의 성장에 큰 도움이 되었다.

물론 누군가는 악연을 만나 그 사람과 자신의 아이를 비교하느라 불편해지는 경우도 있을 수 있겠지만, 나는 좋은 인연을 만나게 된 것에 매우 감사했다.

엄마가 되어가는 힘든 과정을 나만이 겪는 것이 아니구나 하고 느낄 수 있는 육아동지가 나에게 있느냐 없느냐는 젖먹이 아이를 키우느라 집에 머물러 고립되기 쉬운 엄마들의 정신 건강에 매우 중요하다. 아이만 바라보면서 살거나 남편의 도움만 기다리며 하소연하고 원망하기보다는 훨씬 긍정적인 요소가 많다.

왜냐하면 그 누구도 내가 이 시기에 하는 고민을 그녀들처럼 이해해주는 사람이 없기 때문이다. 대신 화내주고, 똑같이 속상해주고, 같이 웃어주고, 위로해 준다. 각자의 자리에서 저마다 다르게 힘들지만, 똑같은 엄마라는 역할을 해내는 그들을 보면서 나의 우울을 하루하루 넘길 수 있게 된다.

마음으로 서로의 고민을 들어주고 위로해 주려고 하는 사람들이 카톡방 어딘가에서 있어서 똑똑 부르면 누구라도 대답해준다. 대답해주는 인공지능 챗봇이 아니라 진짜 가슴을 가지고 진짜 나같은 속썩이는 고민을 가진 나랑 똑같은 엄마 누군가가 자기도 육아에 고군분투하다 말고 고개를 들어 진지한 마음으로 상담해준다.

나를 위로해주는 그녀가 어느 날 괴로울 땐 또 내가 위로하고 응원해준다. 모두의 힘으로 격려해주고 시원하게 욕해주고 웃겨주고 스트레스를 날려주는 공간. 그리고 그 '열정육아'(조리원 동기들과의 단톡방 이름)맘들은 이제는 톡방보다 실제 삶에서 열심히 독립하고 있다. 엄마들이여, 즐거운 육아의 계단을 만들 조리원 친구를 매의 눈으로 잘 찾기를 바란다.

또 하나의 놓친 관계 고향 같은 친구

나는 육아 중에 유치원친구들 동네친구들 등의 관계들을 만들어 우울함을 극복하여 꽤 바쁘고 즐겁게 생활하고 있었지만 무언가 영혼의 하나가 크게 빠진 느낌이 있었다. 딸의 심리미술 선생님과의 상담 과정에서 내가 놓친 것을 발견했다.

그날은 내 인생을 한 줄 지도로 그렸다. 큰 종이에 가로선 하나를 길게 긋고 나의 연대기 같은 점을 찍어보았다. 내 삶의 큰 굴곡들을 써보며 한눈에 나를 보는 것이었다. 나의 출생에서부터 성장 과정 그리고 현재, 앞으로 이어질 미래의 모습의 점을 예측하는 과정을 통해서 나는 짧은 시간 장난 같은 점에서 시작한 점들이 그 선을 벗어나 위로 올라가고 내려가는 파도의 춤들을 보게 되었다. 그 사이의 굵직굵직한 사건들, 나의 내면의 변화된 사건들에서 반복적으로 '한사람'이 있었던 것을 발견하고 깜짝 놀렸다.

내 인생의 중요한 시기 나와 함께 했던 사람은 한 명의 친구였었다. 그녀는 존재만으로도 나를 지지해주는 친구였지만, 나는 내 가족을 이루고, 육아하며, 내가 힘들다는 이유로 그녀와의 우정을 놓아버렸다는 사실에 뜨거운 눈물을 쏟았다.

그리고 잃어버린 지갑을 마침내 찾은 듯한 기쁜 마음으로 내 가슴을 꼭 쥐고 집으로 돌아와 바로 전화하지 않고 그 떨림을 기억하려 일기를 썼다.

그리고 다음 날 그녀에게서 몇 달 만에 전화가 왔다. 내가 너무 보고 싶어서 휴가를 내고 우리 집에 놀러 오겠다고 하는 것이었다. 나는 그 자리에서 서서 이 놀라운 이야기를 전화로 다 전할 수가 없었다. 그냥 멈춰 웃고 말았다.

나의 힘의 원천이 되는 친구라는 보물은 내가 다시 기억해내 찾은 순간, 보물이 알아서 내 가슴으로 달려와 주었다. 그리고 뭔지 알 수 없었던 허전함은 곧 채워졌고 나의 과거와 현재가 이어져 아이를 낳고 잃어버렸던 나라는 사람의 열정이 천천히 다시 깨어나는 느낌이었다.

자신의 인생에서 정말 소중한 친구, 언제든 돌아갈 수 있는 고향 같은 친구가 있다면 그 관계의 끈이 어쩌면 삶의 지도를 이어줄 큰 나침반이 될 수 있을 것이다.

프로이트와 더불어 무의식을 연구한 칼 융(C. G. Jung)의 분석심리학에는 동시성 원리(Synchronicity)개념이 있다. 인간의 정신작용 속에 외부세계와 필연적으로 또한 비인과적으로 연결이 되어 드러난다는 동시성의 원리는 인간의 마음이 한 개체 안에만 국한된 것이 아니라 물질을 포함한 전체 세계에 작용하고 동시에 작용받음을 보여준다고 한다.

동시성의 원리를 접하게 되었으니, 내 마음에 떠오른 그녀에게 지금 당장 연락해 보면 어떨까? 메일도 좋고 전화도 좋다. 그녀도 동시성의 원리로 지금 당신의 마음을 순간 강하게 느꼈을지도 모른다.

2-10

좌뇌형
엄마의 변화

　요즘 완벽한 엄마로서의 나의 삶은 냉장고 열면 각 잡힌 반찬통 정리는 기본에 살림도 잘하고 예쁜 인테리어에 인형같이 예쁜 옷을 입은 잘 빗겨진 머리의 공주님을 키운다. 시크한 스타일에 깔 맞춘 멋진 샌들을 신은 꼬마신사와 데이트를 한다. 나는 완벽한 화장에 예쁜 네일에 구두…. 아… 꿈을 깼다. 현실은 뭔가 허둥지둥 챙기느라 엄마의 눈썹 따위는 카(Car)메이크업으로 끝내는 초 간단 줄긋기로 눈썹펜슬과 붓펜 아이라이너 메이크업 도구, 단 2개로 화장을 마무리한다. 아이들 볼에 뽀뽀하고 싶어 립스틱을 안 바른지 꽤 됐다. 신입 이미지메이킹 교관으로 승무원네이크업도 담당했던 나의 젊은 시절의 얼굴은 정성스러운 화장 때문일까? 지금과 꽤 다르다. 나를 위한 시간이 없는 육아맘으로 사는 게 현실이다. 비교는 끝이 없다. 다른 사람들이 사는 모습을 보며, 밥상은 왜 그렇게 멋지게 세팅하나, 왜 반찬은 그렇게 예쁜 그릇에 담나, 아이들은 왜 그렇게 잘 먹고 크고, 옷은 저리 이쁜거만 입히나, 남과 비교하다가 허리까지 오는 긴 머리 산발하고 밥풀 묻힌 내복 입고 구르는 내 아이를 본다. 뭔가 불안하고 평가 비교하는 남탓하는 좌뇌의 목소리를 관찰하게 된다. "앗! 또 시작이다!" 머릿속에서 자동 플레이 되는 잔소리를 얼른 끄고, SNS를 끈다.

스트레스는 누가 옆에서 잔소리해서 생기는 것이 아니었다. 아무도 말하지 않는데 나의 뇌에서 자꾸만 책망의 소리가 들렸다. 좌뇌가 계속 커져만 갔다. 해야하는 일을 해내고 싶었다. 회사 다닐 때처럼 일적으로 성과를 내고 싶었던 것이었다.

아이가 누군가에게 칭찬을 받으면, 외부에서의 칭찬이 나에게 주는 성과로 느껴져서 마음에 순간 안정이 찾아오면서 행복을 느꼈다. 누가 칭찬을 안해주니 아이의 사진으로 칭찬받고 싶어 사진을 올린다. 행복한 일상의 사진을 올리며 부러움을 사고 싶어했다.

그것으로 하루의 칭찬 에너지를 채우고, 욕망 에너지를 채우고, 자신의 스트레스를 풀고 있다고 생각하며, 눈을 감고 잠을 청하지만 좌뇌는 쉬지 않는다.

계속 평가를 하고, 순위를 매긴다. 그리고 또 멈출 줄 모르는 욕망의 게이지는 어느 순간 다시 0으로 떨어져서 채우기를 반복했다. 이런 모습을 계속 바라보면서 나는 쳇바퀴를 빠져나오려고 했다.

변화는 서서히 일어났다.

이해할 수 없었던 남편과 나의 차이를 좌뇌형과 우뇌형으로 바라보기 시작하면서부터였다. 감정의 컵 속에 빠져있지 않고 그 가장자리에 앉아 찻잔을 바라보기 시작했다.

많은 뇌과학 자료를 통해서나 MBTI 등 성격심리 검사결과를 통해서도 서로의 성격경향성의 차이를 알 수 있었고 상대를 이해하는데 도움이 되었다. 둘의 차이를 객관적 자료로 확실하게 알게 되었을 때 그렇게 조금씩 내려놓음에 익숙해졌고 그 시간동안 남편의 개성을 그대로 다시 볼 수 있도록 긍정적인 시선을 가지려고 나만의 노력을 이어갔다.

혼자 노력도 했지만, 다른 사람의 도움도 필요했다. 도움을 줄 사람을 찾고 있을 때 감사하게 누군가 나타나 주었다.

친했던 아이의 유치원 친구 엄마가 이사가며, 그분 아이가 받았던 특별한 미술수업을 우리 아이에게도 적극 추천했다. 나는 힘들었던 시기 소중한 인연 한 사람을 아이 심리미술 선생님으로 만나게 되었다.

일반 퍼포먼스 미술학원에서도 신나게 수업하기도 하고 워낙 그림과 만들기를 좋아하니 당연히 좋아하겠지 했지만 이 수업은 달랐다. 미술을 하러 갔지만 아이는 그 안에서 조금은 다른 자유로운 시간을 보내고 왔다. 그리고 선생님은 아이가 뭔가를 만드는 시간동안 아이가 쉴 새 없이 자신을 드러내는 것을 관찰하시며 아이와 소통했다. 아이와 소통한 이야기로 수업의 피드백을 주셨는데, 학교나 학원 등의 기관에서 만날 수 있는 흔한 선생님의 피드백이 아니었다.

오랜 명상수련과 치유사로서의 경험이 있던 선생님은 엄마로서 내 아이를 어느 정도 알지만 내가 잘 꺼내서 다뤄주지 못한 그 아이만의 섬세하고 소중한 모습들을 발견해 주셨다. 내 아이를 나도 그런 시선으로 볼 수 있다면, 나도 내 아이를 온전한 하나의 영혼으로 보는 눈빛으로 하나하나 읽어가고 싶었다.

시간이 갈수록 아이의 여러 감정과 욕구를 미술을 통해 다뤄주시는 선생님 덕분에 나는 아이를 이해하는데 많은 도움을 받았다. 게다가 그 과정에서 아이를 통해 나를 바라보게 되는 결과도 얻을 수 있었다.

선생님은 아이의 선생님이었지만, 나의 선생님이 되었다. 아이를 이해하는 과정에서 엄마와의 이야기가 필수이기 때문이었다. 선생님과의 만남에서 나는 조금씩 마음을 열어가면서 나와 아이와의 관계를 더 바라보기 시작했다. 문제를 해결하려면 일단은 나를 보는 것이 먼저였다. 나의 이야기를 듣고 길을 잃지 않고 핵심적인 질문을 해주시는 선생님 덕분에 내가 제대로 인지하지 못하고 해왔던 행동들을 바라보며 놀랄 때가 많았다.

이후 선생님은 다른 멤버들과 함께 그림으로 내 몸과 마음을 돌보는 내면의 치유 시간도 마련해 주셔서 나는 그 필요성에 대해 눈을 뜨게 되었다.

그렇게 내가 나에게 관심을 가지면서 나를 들여다보기 시작하는 시간이 점점 더 늘어갔고, 잊고 있었던 나의 행복한 에너지들을 기억해 냈다. 아이를 낳기 전에 내가 좋아했던 것, 지금 가족과 함께 즐기는 것들, 나란 사람이 진정으로 하고 싶은 것들에 대한 욕구를 하나하나 채워보려 했다.

계속 주기만 하는 엄마로만 살다가는 말라 죽을 것 같은 허전함이 느껴졌던 시기였다. 나를 제대로 사랑하지 못해 균형이 깨진 시기였다. 예전 비행하는 동안에는 내 가방에 두 권이상의 책이 들어있었다. 한 권이 안 맞으면 나머지 하나를 읽었다. 호텔의 사각거리는 이불 소리를 들으며, 읽은 책 앞 페이지 한바닥에 일기처럼 끄적였다. 그렇게 좋아하는 일을 하면서, 충분한 휴식시간을 가지고 살았다.

그런데 그런 혼자만의 호텔방이 없어진 엄마로서의 삶.

거기에서는 내가 나를 위해 충전하려면 수많은 장애물을 치워 놓아야 해서 항상 우선순위에서 밀리고 말았다.

우선순위? 그건 누가 정할까? 내가 정한다. 그런데 왜 내가 나를 위한 가장 필요한 시간을 왜 제일 마지막 혹은 아예 계획에도 넣지 않는 걸까? 그래야만 한다는 엄마로서의 의무는 누가 준 것이었을까?

그 질문에 대답은 아무도 그러라고 한 사람이 없다는 것을 알았다. 그 삶 또한 내가 선택한 것이었다는 것을. 그래서 이제 다시 선택해야 하는 것을 깨달았다.

나는 내면에서 변화를 진정으로 원했다. 그리고 움직였다.

뇌에게 속지 말고 속이자

우리 눈이 자주 착각을 일으킨다는 사실을 알 것이다.

뇌과학자 김대식 교수님의 강의에서 한 실험을 소개했다. 사람들이 빠르게 지나가는 숫자를 보고 감각 기관인 눈은 그것을 인식하지 못했지만 뇌는 알고 무의식적으로 맞출 수 있었다는 실험이었다. 뇌는 알고 있었는데 정작 눈은 못 본 것으로 알고 있다고? 뇌는 머리 안에 들어있고 통각도 없을 정도로 감각기관이 없다. 오감으로 느끼는 정보를 뇌가 받아서 처리하는데 이 오감은 생각보다 정보를 정확하게 객관적으로 처리하지 못할 때가 있는 것이 문제를 꽤 일으키게 된다고 한다.

시각만 해도 거꾸로 상이 박히는 구조를 가진 약점과 뇌 안에서 혈관에 비쳐 그림자가 보이는데도 뇌가 그것은 제외하고 인식한다거나 하는 점이 실제로 보는 것을 우리가 뇌에서 인식하고 있지 않다는 점이었다.

그런 조사 결과를 보니 순식간에 지나가든 우리가 모르게 뒤에 배경으로 있든지 간에 특정 시각 자극으로 우리는 꽤 어떤 의도된 것에 친숙해질 수도 있을 것이다.

그것을 최고로 잘 이용하는 것이 광고 마케팅이고 그것을 활용한 것이 교육 광고다. 감각에게 혹은 뇌에게 속지 않으려면 엄마가 알아차려서 중심을 잡고 가정의 교육환경을 조성해야 할 것이다.

아이들과 함께 있는 가정에서 무의식 중에 노출될 수 있는 다양한 환경은 아이들에게 친숙함을 주고, 자신의 성향 기호에 영향을 미쳐 마침내 아이들의 진로가 될 수 있을 것이다. 억지로 만드는 어떤 특정 환경 노출이 아니라 자연스러운 가정 환경 이를테면, 음악적 환경, 운동하는 가족의 생활 습관, 운동기구 운동복, 책을 좋아하는 집의 서재 글쓰는 분위기. 책읽기에 집중하는 가족들의 모습, 긍정적으로 작용할 수 있는 모든 환경을 열거해 보자. 우리 집만의 독특함과 강점인 분위기를 생각해 보고 앞으로 어떤 시간을 가족과 더 마련할 수 있을까 부모가 적극적으로 긍정적인 환경요소를 만들어갈 필요가 있다.

뇌는 머릿속 안에만 있어 어쩌면 정말 속이기 쉬운 대상이다. 우리는 역으로 이런 뇌를 이용하여 긍정적으로 아이들의 환경을 조성해 줄 수 있는 부모도 될 수 있다. 과학자의 부엌을 만들거나 미술가의 창가로 음악가의 작업실로 만들어놓은 환경에서 자라나는 아이들은 그 속에서 자신도 인식하지 못하는 사이에 과학자 미술가 음악가의 뇌로 무의식 중에도 변화하고 있을 것이다. 아이뿐만 아니라 부모에게도 또한 무한한 가능성이 열려 있다. 이것은 뇌 과학이 알려준 비밀이다. 그 비밀을 믿고 안 믿고의 차이는 현실에서 분명히 드러나게 되리라 생각한다.

계획은 잘 세우지만,
무엇이 중요한지 모른다
-우선순위의 중요성

좌우 뇌는 함께 움직인다고 하지만 상황에 따라 지배적으로 한쪽이 우세하게 작용하는 상황이 있다. 예를 들면 좌뇌형의 특징 중 가장 두드러지게 보여지는 것으로 계획을 잘 세운다는 것이다.

하지만 시간 관리가 잘 되지 않는다면 계획된 일을 좇아가느라 힘들어진다. 나는 회사를 다니면서 나의 좌뇌가 굉장히 발달해왔다는 것을 나중에 깨달았다. 스케줄과 절차, 매뉴얼 관리, 평가 등의 업무에 맞추다 보니 계획과 실행 체크가 습관이 되었지만 삶에서 우선순위를 정하는 것에 아주 취약했다는 것을 육아를 하며 절실히 깨달았다.

나는 자주 일이 지나가고 나서 이렇게 했으면 좋았을 텐데 하고 후회하며 자신을 책망하는 비뚤어진 완벽주의 성향을 보일 때가 있다. 혼자투덜거릴 때도 있지만 가끔 남편을 원망하기도 하고, 자꾸 아이들에게잔소리를 해대기도 한다. 좌뇌의 계획대로 모든 일이 딱 완성되었을 때의 그 만족감을 계속 원하기 때문이다. 욕구는 과다하고 그것을 만족시키려면 내 몸이 하나로는 절대 불가할 계획을 세울 때도 많다.

내가 어느 정도 할 수 있을지 아는 것과 모르는 것을 자각하는 '메타인지'가 안된 경우도 있었다. 그리고 아이들에게 문제가 발생할 경우에는 과도하게 내 탓이라고 생각이 들어 어떻게든 그러지 않으려고 온갖장치를 쓰려고 하는 상황에서 마음이 후회로 가득 차게 될 때가 많았다.

자기 계발서의 고전《성공하는 사람들의 7가지 습관》(김영사)에서는일의 중요도와 시급함을 기준으로 4가지 사분면으로 나눴다.

	긴급함	긴급하지 않음
중요함	I 활동: 위기 급박한 문제 기간이 정해진 프로젝트	II 활동: 예방, 생산 능력 활동 인간관계 구속 새로운 기회 발굴 중장기 계획, 오락
중요하지 않음	III 활동: 잠깐의 급한 질문, 일부 전화 일부 우편물, 일부 보고서 일부 회의 눈앞의 급박한 상황 인기 있는 활동	IV 활동: 바쁜 일, 하찮은 일 일부 우편물 일부 전화 시간 낭비거리 즐거운 활동

표 출처:《성공하는 사람들의 7가지 습관》(김영사)스티븐 코비의 '시간관리 매트릭스'

책에서 스티븐 코비는 '중요한 것을 우선시하라'의 원칙을 설명했다. 2사분면의 일을 우선으로 처리하는 게 중요하다는 것이다. 1사분면인 가장 중요하고, 빨리 끝내야 하는 일보다, 2사분면인 가장 중요하지만 빨리 끝내지 않아도 되는 일을 더 많이 신경쓰고, 그 일을 해냈을 때 1사분면의 일들로 바빠지지 않아 만족감을 주는 삶을 영위할 수 있다고 말한다.

열심히 사는 것은 매일 계획이 꽉 찬 체크리스트를 작성하는 삶이 아니다. 나는 긴급성과 중요성이 겹치는 순간 자주 선택을 잘못할 때가 많았다. 그리고 긴급하지만, 중요하지 않은 3사분면에 늘 시간을 낭비할 때가 많았다. 게다가 2사분면의 중요한 일을 미루다가 평상시 1사분면의 일만 급하게 처리해도 시간이 모자라다고 초조했다.

<비타민> 이란 곡을 딸과 함께 불렀던 가수 박학기 씨는 주변에서 감탄할 정도로 부지런한 생활을 유지하시는 분이라고 한다. 많은 일을 하시면서도 가족과의 시간을 충분히 가지시고 지금 두 딸은 각자 배우와 가수로 활동하며 엄마, 아빠의 끼를 물려받아 성장했다. 그 과정에서 그는 딸과의 시간을 자주 가지려 노력하시고, 늘 픽업을 담당하시면서 딸과 허물없이 지내왔다고 한다.

남편은 박학기 씨와 만나고 온 날 읽지 않고 꽂혀만 있던 스티븐 코비의 책을 다시 꺼내 들었다. 그리고 삶에 있어서 중요하지만 그렇게 바쁘지 않은 일들에 신경 써야하는 이유에 대하여 나와 이야기를 나눴다. 그리고, 남편은 박학기 씨가 추천한 이 책은 육아서라며 나에게 추천했다.

우리들의 인생에서 지금 중요하고 급한 일들을 떠올려보자. 생각보다 지금 처리해야 할 중요한 일들에 치여 있거나 진짜로 나의 삶에서 중요한 것에는 더 시간을 쏟고 있지 않다는 것을 발견하게 될 것이다.

내 경우는 매일 끼니를 위한 식사 준비 장보기가 코로나 시대에 가장 중요하고 바쁜 일로 1순위가 되었다. 아이들과의 교감을 나누는 시간은 1순위로 하기에는 일상이 너무 바빠진 것이다. 그러다 보니 엄마는 뭔가 바빠서 치맛자락을 붙잡아야만 놀이 한번 할 수 있고, 집안일 하느라 같이 놀아주지 않는 뒷모습을 보이는 엄마로 낙인찍혀 버린 것 같아 안타까웠다. 잠시 20~30분의 밀도 있는 시간이 어렵다. 24시간을 같이 있는데도 왜 이것이 이렇게 어려운지. 그것은 내 마음속에 그것을 꼭 해야 할 일로 우선순위를 두지 않아서 그런 것이 크다. 밥을 급하고 중요한 일로 하느라 삼시 세끼 차리고 치우고 장보고 치우고 연속을 하다 보면 하루가 금방이다. 그다음은 나의 휴식이나 해야 할 일 글쓰기 등으로 넘어가 버린다. 온종일 가사 일을 하는 데 시간이 많이 소모되면, 언제 아이들의 눈망울을 보고 깊은 대화를 나눌 수 있을까?

그래서 일부러 티타임을 가지려고 노력하거나 자기 전 놀이시간을 확보하려고 노력한다. 이른 저녁 식사 후 디저트 타임에 설거지는 던져놓고 아이들과 앉아서 이야기를 나눈다. 설거지보다 더 중요한 아이들과 밀도 있는 대화를 나눌 수 있는 그 시간은 서로에게 디저트만큼 달콤한 시간이 된다. 하루의 저녁 20분의 이야기 타임. 크면 클수록 아이들의 말이 재미있어지고 생각들을 엿보게 되어 재미가 쏠쏠해진다. 대화를 많이 나누지 못한 날은 자기 전 몸으로 노는 구르기 체조 등의 이불놀이로 조금이라도 더 교감을 한다. 그런 날은 중요하지만 시급하지 않은 아이들과의 시간이 더 채워져서 뿌듯하게 잠이 들게 되었다.

2-12

완벽한 엄마의 고장
- 주부 번아웃

'어떻게 하지? 일어날까 말까 알람을 끌까 말까?' 이런 고민들이 뇌에 스트레스를 준다고 한다. 이런 순간을 만나면 뇌는 자신을 보호하기 위해 비상제동장치를 움직인다. 그것은 바로 자신의 자동조종장치를 켜는 것이다.

뇌는 언제나 편안한 것을 원하며 평소 하던 대로 습관대로 하는 것을 하기를 바란다. 습관은 내 세포가 기억하며, 평소와 달라질 때, 몸과 마음이 경고를 울리며, 습관은 자리를 잡아 나라는 정체성이 만들어져 성격을 형성한다.

그런 패턴대로 움직이지 않게 되면 뇌는 불편함을 느끼며 감정도 불편해진다. 그래서 뇌는 어떻게든 원래 하던 대로 만들라는 명령을 계속한다. 그때 몸에서는 화학적인 호르몬과 각종 물질을 생산하게 되면서 스트레스가 시작된다. 스트레스를 가라앉히기 위해서 나온 물질들 때문에 몸에 병이 생기기 시작되고, 뇌는 스누즈 버튼을 누르도록, 손을 움직이고, 다시 잠들 수 있도록 몸에 피곤함을 일으키고 잠들게 하는 호르몬을 분비시킨다. 철저하게 우리의 의지와는 다른 몸과 뇌에 지배되는 삶이다.

회사에 다니면서 나는 스케줄을 내 뇌에 입력한다. '새벽 6시 도착, 4시반 기상!'정보를 입력시키고 알람 맞추고 잠이 든다. 스케줄에 맞춰 일어나 출근하는 식으로 살았다. 어떻게 말하면 나의 몸의 생체리듬이라는 것은 전혀 무시된 상태로 의지로만 나를 깨우고 살아왔었던 것 같다. 자주 비행에 늦는 꿈을 꾸며 놀라 깰 정도로 반쯤 깬 상태로 자는 것도 자주 있었다.

장거리 비행 중에는 중간에 승무원들도 길게는 2~3시간의 휴식시간이 있다. 기종별로 다르지만 항공기 뒤쪽의 화장실 옆 계단 위의 통로로 올라가거나 기체 중간쯤 문을 열고 아래로 내려가면 만들어져 있는 작은 공간의 이층침대에 누워서 벨트를 메고 잠을 잔다.

잠 못자는 승무원들은 그 시간이 고통스러워 음악을 듣기도 하고 커튼을 치고, 잠시 뭔가를 하기도 하지만, 못 일어날까 봐 꼭 동료에게 깨워 달라 부탁하고는 최면 걸리듯 숙면을 취했다. 나는 내 의지로 잠을 조절할 수 있다며 세계 어디를 가도 시차를 맞출 수 있다고 내 체력을 과신했다. 젊었던 나는 늘였다 줄였다 고무줄 잠에 익숙해졌고 뇌에서 입력한 신호에 몸을 무조건 맞추는 식으로 십년 넘게 살면서도 힘든 줄 모르고 일했다. 몰랐던 것은 뇌가 둔감했던 걸까? 실제로 몸은 정말 힘들지 않았을까?

아이를 가지고 휴직이 시작되었을 때는 내 몸에게 가장 많은 휴식과 여유를 주었고 최대한 아침과 저녁의 리듬에 맞추어 생활했더니 점점 생체리듬이 돌아오는 것이 느껴졌다. 아침에 눈을 뜨고 저녁에 졸렸다.

처음에는 리듬이 돌아온 느낌이 너무 좋아서 이것이야말로 나의 몸이 원하는 자연스러운 삶이고 건강한 생활이라고 생각했다. 가끔 비행에 늦는 꿈을 꿨지만 일어났을 때 일하러 가지 않아 얼마나 행복했는지 모른다.

그러나 문제는 낮에 깨어있고 싶어서 내 몸이 원해도 잠시의 낮잠도 자기 싫어했다. 아이와 놀다가 힘들면 재우면서 같이 자면 되는데 그러지 못했다. 아이가 잘 때 뭔가를 하고 싶어 잘 수가 없었다. 즐겨 마시던 커피는 끊을 수가 없었고 밤에는 선잠을 자고 낮에는 다시 카페인으로 억지로 깨우는 생활을 계속하며 내가 가진 에너지를 초과하며 살게 되었다.

나는 나의 좌뇌가 시키는 통제된 완벽한 엄마의 역할을 하고 싶었다. 그래서 시간이 부족했다. 여유가 없었다. 욕구는 늘어갔고 이상하게 불만도 더 늘어났다. 아이 자는 동안에 휴식보다 집안일이나, 사야 할 것 알아봐야 할 정보를 검색하느라 나는 늘 다크서클의 각성 상태였다.

홍수처럼 넘치는 정보 때문에, 엄마들은 감정조절과 신체 리듬조절에 심각한 문제가 발생할 수 있다. 피곤함을 이기려고 커피를 마시고 그렇게 억지로 깨어있는 동안 새로 나온 각종 육아템의 리뷰를 검색하느라 바쁘고 나들이 정보, 교육 정보, 내일 먹을 거리, 인터넷 쇼핑 정보를 검색하느라 엄마들은 24시간이 모자라다. 그렇게 자신을 풀로 가동하다 보면 나도 모르는 사이 번아웃 상태가 되어 버리고 마는 것이다.

세상에 널려져 있는 자료는 많고 그 자료 중에 내가 접하는 자료 읽고 싶은 자료 보고 싶은 영상을 보다 보면, 시간은 금방 가버린다. 어려운 것은 점점 알고 싶지 않고 재미있고 조금은 유익한 정보 정도에 만족한다. 점점 귀찮은 것을 싫어하게 되고, 마트에 사러 나가지 않고 배송되니 시간 낭비 없고 편하다고 생각하며 검색의 세계에 빠져 시간이라는 어쩌면 돈보다 더 소중한 것을 허비한다.

엄마들의 일상이 솔직히 너무나 바쁘지만, 가끔 그런 허비된 시간 때문에 해야 할 일을 다 못해 힘들어하고 무기력증에 빠져들어 일상의 기본적 일들을 무시하고 소홀히 해버리고 만다.

멀티 테스킹

영국 런던대에서의 한 연구에서는 여러가지를 한꺼번에 하는 멀티 테스킹 하면 지능지수 IQ가 10이 떨어지고 실수를 할 확률이 50퍼센트나 높아진다고 한다. 또한 멀티 테스킹 하면서 나중에 어떤 한 가지 일에 집중하더라도 이미 단기 기억력이 떨어진다고 한다. 기억은 해마가 담당하는데 작업을 전환해 버리면 해마의 활동이 감소하기 때문에 동시에 두 가지를 하면 하나 또는 둘 다 기억에 문제가 생기기 때문이다.

그러나 엄마는 자신의 뇌건강 같은 것은 신경 쓸 겨를이 없다. 하루하루 바쁜 아이들의 스케줄 관리에 움직이려면 할 일을 하면서 다음 할 일을 생각하면서 한다거나 동시에 하는 방법으로 살지 않으면 다 해내지 못할 거로 생각하기 때문이다. 그래서 더 스트레스가 쌓이게 되고 스트레스는 다시 뇌건강에 문제를 일으키기고, 다시 반복되는 악순환의 생활이 된다. 여기서 우리가 진성으로 원하는 삶이 이떤 것인지 다시 묻게 되고, 그 질문을 너무 늦게 해버리는 경우에 아이와의 관계는 이미 엉망이 되고, 성적이나 생활이 다시 되돌이킬 수 없는 상태가 되고 나서야 자신을 돌아보는 시간을 가지겠다고 생각하게 된다는 것이다.

하면 할수록 쓰면 쓸수록 근육이 붙어가는 우리의 몸처럼, 우리의 정신력도 쓰면 쓸수록 더 많이 힘을 발휘할 수 있을 것 같다고 생각하지만, 근육을 만드는 웨이트 트레이닝도 매일 하는 것보다 하루 이틀 휴식 중에 오히려 근육이 만들어진다고 하지 않는가? 정신 에너지도 그냥 막무가내로 휴식 없이 달려서는 번아웃에 빠져버리게 된다.

코로나 19로 인해 가족들이 집에 있는 시간이 늘어나자 '돌아서면 밥하고 돌아서면 밥하고'라는 뜻의 '돌밥돌밥'이란 신조어가 유행했다. 실제로 경기연구원에서 조사한 '국민 정신건강 설문조사'에서는 전업주부가 가장 높은 우울감을 호소했다고 한다. 아무래도 가장 큰 원인은 당연히 늘어난 돌봄 시간이다. 전업주부의 자녀 돌봄 시간은 코로나 19 이후 '3시간 32분'이나 늘었다. 이에 비해 맞벌이하는 여성의 돌봄 시간 증가는 1시간 44분, 맞벌이하는 남성의 돌봄 시간 증가는 46분, 홑벌이하는 남성의 돌봄 시간 증가는 29분으로 뚝뚝 떨어졌다. 전문가들은 이런 처지에 놓인 전업주부들에게 가장 필요한 것이 '가족들의 도움'이라고 말한다. 가족들이 전업주부가 자기만의 시간을 가질 수 있도록 서로 일정을 조율해야 한다는 글을 나는 남편에게 전송해줬다.

높게 치는 파도도 언제 그랬냐는 듯이 잠잠해진다. 이 법칙은 엄마들에게도 적용된다. 직장에서도 최선을 다하며 달려온 엄마들은 집에서 엄마로서도 열심히 하려고 달려드는 경향이 있다. 지금 엄마들도 어쩌면 파도처럼 높이 치솟은 정점을 치고 번아웃을 경험하고 나서야 진정한 제대로 된 삶을 생각하게 되는 것일지도 모른다. 가혹한 현실이다. 하지만 아이를 낳고 자유롭던 한 인간이 부모가 되는 것에 파도가 없을 수가 없다. 낮은 파도든 높은 파도든 모두가 균형을 찾게 되지만 세찬 파도를 맞아 삶이 흔들려 본 사람일수록 일상의 균형과 평화로운 상태에 행복감이 더 클 것이다. 그렇게 스스로 위로하며 세찬 파도에도 세찬 독박육아에도 또 힘을 낼 휴식시간을 남편에게 요청해 잠깐이라도 만들어본다.

2-13

습관이 현실을 창조한다
-오토파일럿을 꺼라

자신을 바꾸고 싶다면? 생각을 실제 현실로 창조하고 싶다면 알아야 하는 원리는 무엇일까?

그리고 쳇바퀴에서 벗어나고 싶다면? 발전하고 싶다면?

원하는 모습을 창조하고 싶다면?

그 모든 답은 먼저 뇌의 배우는 순간의 모습부터 생각해봐야 한다. 우리는 태어날 때 뇌의 기본 배선만 가지고 태어난다. 다른 동물은 태어나서 바로 네발로 걸어 다니고 움직이는 데 비해 인간은 아주 미숙한 채로 태어나는 것은 이유가 있다. 인간에게 스스로 창조할 수 있는 힘을 주는 것이다. 미래를 바꿀 수 있는 힘을 가지고 태어나는 인간과 다른 동물의 차이가 바로 이 탄생시의 취약함이다. 미숙한 뇌에 먼저 회선을 만들어주는 사람은 누구인가? 바로 부모다. 가장 직접적으로 젖을 주고 키우는 엄마다. 엄마의 양육환경에서 만들어지는 다양한 상황들에 어린 뇌는 분석하고 회로를 만들어 간다. 우리가 모르는 사이에 아이의 뇌에 평범하다고 생각했던 일상의 많은 경험들이 아이의 눈, 코, 입, 귀 감각기관을 통해 뇌에 저장되는 것이다. 뇌는 그 경험이 반복되면서 그것을 기억하는데 강렬한 느낌이 더해지면, 장기기억으로 저장되어 다시 그런 상황이 발생하는 순간 같은 생각이 들고 같은 느낌이 살아나 그것을 경험했던 시공간의 기억이 되살아난다. 그렇게 좋은 기억도 나쁜 기억도 잠재의식으로 남아 그 사람의 자동반사적인 반응 방식으로 이어진다.

오토파일럿이라는 말을 알 것이다. 자율주행하는 전기차 관련 이슈도 많아, 익숙해진 오토파일럿은 항공기나 로켓, 자율주행차의 자동 조종 장치이다. 우리들의 마음에도 그런 자동조정장치가 있다고 한다. 문제는 우리 마음 속의 자동조정장치는 내가 누르는지도 모르고 활성화되는 것이 큰 차이다.

예전과 비슷한 사건을 경험하면 자기도 모르게 드는 느낌이나 행동들은 지나고 나서 후회하기도 하고 바꾸려고 노력해도 잘 안 되는 경험한 적이 있을 것이다. 자동 반사적인 행동이나 감정 패턴을 가지고 있는 것이다. 그렇기에 자신의 패턴을 먼저 알아채는 것이 가장 중요하다.

나를 관찰하기

왜 내가 나도 모르게 이런 감정이 들까? 이런 행동을 할까? 일단 해야 한다. '내가 원래 이런 사람이다.'라고 자신을 규정해 버리면 쉽다.

그런 상태가 아주 마음에 든다면 바꿀 이유는 없을 것이다. 하지만 자신에 대해 완벽하게 그렇게 만족하는 사람은 없을 것이다. 자신이 통제 못 하게 되는 것에 가장 화날 때가 많은 것이 인간이기 때문이다.

나는 내가 통제가 안되는 순간에 화가 올라오는 것을 자주 목격했다. 아이들에게 여유로운 다정한 엄마였다가, 어느 순간 몸이 힘들 때 특히 아이들이 잠을 안 자려고 할 때 자신이 조절되지 않았다. 자기 전에 실랑이를 해대며 불필요한 신경전을 하다 재우고 나서 다음 날 후회하는 패턴을 반복했다.

그 순간 나의 생각을 관찰했다.

늦게 자면 건강에 좋지 못하다.

늦게 자면 내일 늦게 일어나서 서두르게 된다.

늦게 재우는 엄마는 아이들 관리에 실패한 것이다.

늦게 자는 아이들이 습관이 될 것이 두렵다.

늦게 자서 나의 밤시간이 너무 피로한 것이 힘들다.

늦게 자게 되니 엄마의 시간이 전혀 없다.

늦게 자는 습관을 못 바꾸는 내 능력이 한심하다.

등등 스스로 여러가지 화나는 이야기들이 끝이 없이 떠올랐다. 그런 여러가지 좌뇌의 불안이 연속적으로 올라와 내 귀에서 자꾸만 엄마로서의 나를 평가하고 죄책감을 갖게 하고 실패한 느낌을 가지게 만들어 괴로웠다.

해결하는 과정도 써보았다.

1. 나의 패턴 파악한다. (어느 순간 자동반사적 행동이 나오는 지)

2. 나의 생각을 열거하고 적는다.

3. 그 생각에 대한 느낌을 감정이름을 붙여 정의한다.

4. 그 느낌 때문에 오는 나의 신체적 반응을 체크해 본다. (몸의 감각 느끼기)

5. 그 신체적 반응을 표현 했을 때 어땠는지 생각해본다. (자신의 감정 인지하기)

6. 다음날 만족스러운 정도를 생각해본다. (시간이 지난 후 다시 바라보기)

7. 표현하지 않으면 어떨까 생각해 본다. (다른 가능성 질문하기)

8. 느낌은 그 생각에 대한 반응이라는 것을 숙고해본다. (자동반사적인 행동)

9. 처음의 생각은 무엇에서 일어난 것인지 생각해본다. (두려움인가, 죄책감인가, 욕심인가, 희망인가?)

10. 그 생각은 누구를 위한 생각인가? (나를 위한 생각인가, 아이들을 위한 생각인가?)

11. 나를 위한 생각은 어떤 생각이 중요한가?

12. 아이들을 위한 생각은 어떤 것이 중요한가?

생각에 생각을 거듭하는 것은 더 좌뇌에 갇히게 되는 지도 모른다. 그러나 꼬리에 꼬리를 물고 생각이 일어난다. 나는 그렇게 마음을 열고 나의 생각이 떠오른 것을 바라보았다. 나의 생각을 써서 바라보는 시간이 필요했다.

두려움 때문에 일어나지도 않은 불안한 상황을 머릿속에서 만들어 힘들어하고 있는 나를 마음속으로 연민을 느끼며 위로해 주었다. 엄마의 불안함을 느낀 아이들이 얼마나 더 두렵고 아팠을까 아이의 마음을 공감했다.

그리고 그 생각이 다 지나가고나서, 나는 어떤 마음이 드는지 바라보았다. 내 마음속 혼란의 파도, 왁자지껄 떠들고 난 후의 바다는 어떤 고요한 상태인가? 그리고 살아서 뛰고 있는 심장으로 다시 돌아왔다. 아이들과 나의 행복을 위한 생각에 집중해보았다. 어떤 에너지로 아이들을 잠으로 이끄는 것이 좋을지 생각해보았다. 화의 에너지로는 아이를 전혀 재울 수 없다. 아무 필요 없는 에너지 낭비로는 나와 아이 둘 다 좋은 순간을 만들어 낼 수 없다. 나는 힘을 빼기로 했다. 내가 잠을 자기로 했다. 저녁시간에 내가 아이들에게 해주려고 했던 것들에 대한 욕심을 내려놓았다. 육아 퇴근 후 갖고 싶었던 나의 자유시간에 대한 욕심도 내려놓았다. 그리고 내가 아이들을 재우고 나서 하고 싶었던 모든 것을 새벽으로 미루기로 했다. 그러니 곧 마음이 편해졌다. 그래서 나에게 새벽의 약속을 했다. 새로운 나의 모습을 창조하는 것으로 해결책을 찾기로 한 것이다.

요가와 명상을 짧게 하며 아침을 고요하게 혼자 보내게 된 것은 나에게는 정말 큰 변화였다. 처음에는 새벽에 일어나도 생산적인 일들을 해내지는 못했다. 오랫동안 7~8시 정도에 일어나는 습관이어서 2~3시간 당겨진 아침에 상쾌함이 바로 느껴지지 않을 때도 있었다. 그래도 계속 새벽 기상을 유지했다. 마음의 평화를 유지하며 명상하기에 좋은 시간이었다. 아침 명상을 5분이라도 했고 노력하는 가운데 스스로에 대한 변화에 점점 기분이 좋아졌다. 새벽이 기대됐다.

아이가 없을 때 남편과 나는 아침에 눈을 뜨고 서로를 보면서 "오늘도 기대돼~"라는 인사를 서로에게 했다. 한동안 신혼집의 칠판에 써 붙여 둔 남편이 좋아하는 문구였다.

아이를 낳고 영영 되찾지 못할 것 같았던 그 하루의 기대감을 신기하게도 완전히 회복했다. 지금도 아이들은 여전히 늦게 자기도 하고 빨리 자기도 한다. 하지만 나는 그런 외부 환경의 영향으로 무너지지 않는 마음의 상태를 유지하기가 훨씬 쉬워졌다. 아이들을 위한 책을 읽어주고 같이 자기 전에 잠시 놀이를 한 다음 "엄마는 너무 피곤하네"하고 옆에서 곯아떨어질 때면 아이들도 잠시 놀이를 하다가 잠이 든다.

엄마가 재워야 했던 그동안의 노력은 왜 그렇게 했을까 싶을 정도로, 아이들은 알아서 자기 이불을 덮고 알아서 불을 끄고 자는 것이었다.

나는 잠시 아이들 방에서 잠이 들었다가 안방으로 새벽에 이동을 위해 중간에 일어나는 것은 좀 불편했지만, 그래도 완전히 깨지 않는 상태라 그 정도는 아주 좋았다. 그렇게 나는 아이들과 즐거운 밤의 루틴을 이어가면서도 나 먼저 일찍 자고 새벽에 일찍 일어나는 엄마만의 루틴도 그 상황에 새롭게 추가하여 나의 시간을 만들어냈다.

40년 이상을 올빼미형으로 살아왔다. 나의 엄마도 밤만 되면 아이디어가 넘쳐 야심한 밤에 수건을 깔고 가구를 밀고 다니며 옮기고 청소를 했다. 그런 집에 살아왔던 터라 나는 밤만 되면 왜 이렇게 책상 정리나 서랍 정리가 하고 싶은지…. 그런데 바꾸겠다는 계획과 생각 변화의 의지 그리고 그런 지식을 이해한 후 내가 자동조종장치로부터 멀어져 행동하기 시작한 후부터 나는 바뀌었고 내 새벽 시간의 자유를 얻었다. 그것은 아이들 때문에 "나는 아무것도 할 수 없어"하고 불평만 하며 나의 상황을 수동적으로 비난하는 태도와 완전히 이별하게 된 순간이었다. 내가 현실을 창조할 수 있다. 스스로에 대한 믿음이 점점 더 크게 생겨났다.

너무 쉬워 못하는 명상

명상을 전혀 모르는 내가 천천히 명상을 접해보려 시도했다. 하지만 잘되지 않았다. 솔직히 무엇이 명상인 것인지 하면 할수록 알 수가 없었다. 뭔가 "아!" 하고 오는 게 있어야 할텐데 하고 기다리고 기다렸다. 머릿속 둥둥 떠오르는 생각들을 바라보기만 하라고 했지만 꼬리를 물고 나오는 생각들에 이러고 있는 게 시간 낭비는 아닌가 또 좌뇌가 결론 내려버리는 것을 수없이 반복했다. 그러다 사람들은 "나는 명상이 잘 안 되나 봐" 하고 포기하게 된다고 했다. 그런데 그것도 명상이라고 한다.

한 명상 잡지에 실린 명상의 대가들의 고백을 봤다. 지금은 서양의 명상 스승으로 이름난 그들도 명상의 처음은 우리와 같았다. 수많은 명상의 대가들 전문가들의 고백에 조금은 용기가 생겼다.

일단은 잘되든 못되든 명상을 해보려는 의지, 그것만으로 충분하다는 티벳불교의 린포체말에 계속 시도하고 있다. 아직 나는 명상에 대하여 잘 모른다. 하지만 그 시간을 편안하게 보내고 있다. 새벽의 여유에 마음이 행복해지고, 호흡을 깊고 천천히 하는 동안 정말 내 심장을 느끼는 시간에 머리와 온몸이 편안함으로 채워지는 느낌이 좋다.

눈을 뜨고도 평온함에 연결되려는 평상시의 마음 자세
힘든 순간 심호흡으로 내 불안한 편도체를 안정시켜 잔잔해지는 것을 바라보기

이런 나의 실행을 통해 차차 명상이 무엇인지 깨닫게 되리라 생각한다. 일상에서 명상하듯 사는 사람들도 있다. 평화로운 마음 가득 가지고

주변의 모든 것을 대하는 사람들이다. 그 마음의 에너지는 결국 서로에게 영향을 주고받으며 감화시키고 맑은 에너지를 전염시킬 것이다.

지금 당장 어떤 큰 변화를 만들어내려 안달하는 마음으로는 명상도 가정의 행복도 아이의 교육도 평화롭게 이어가기 힘들 듯이, 나는 명상과 같은 지속적인 마음공부를 통해 자신의 평화를 일상에서 유지할 수 있도록 조금씩 연습하고 있다. 그것에 나 자신은 물론이고 우리 가족과 주변 사람들의 미래에 충분히 좋은 에너지를 전할 수 있을 것이라 믿고 오늘도 마음속 날뛰는 원숭이를 관찰해 본다.

2-14

좌뇌 우뇌 바라보는 뇌

인간의 뇌는 신비한 세계라 아직도 연구가 진행되고 있다. 놀랍게도 완벽한 인간 뇌의 기능에서 더 특별한 차이가 있다면 우리를 바라보는 뇌가 있다는 점이다.

내가 신입 승무원 교관을 할 때의 일이다. 신입 훈련생들은 같이 입사한 동기들과 함께 서로 자신을 소개하는 자기소개 시간을 갖는다. 그때 동그랗게 원을 만들고 그 앞에 서서 동기들을 바라보며 3분 스피치 시간을 녹화한다. 이후 다음 교육에 자신의 모습을 다시 보는 과정이다. 그 수업은 자신의 모습을 다른 사람들과 함께 보는 자체가 너무 부끄러워 훈련생들이 고통스러워했던 기억이 난다. 하지만 효과는 놀라웠다. 쭈뼛쭈뼛 인사하는 모습, 터벅터벅 걸어 나오는 모습, 구부정한 어깨, 시종일관 천장만 보며 말하는 눈, 반복되는 언어습관, 동기들의 부족한 면만 보고 있던 훈련생은 자신의 영상을 보면 차마 눈을 뜨고 있을 수 없을 정도로 부끄러운 순간을 맞는다. 눈이 밖으로만 나서 남의 흠집은 잘 보면서 자신을 잘 바라볼 수 없었던 것을 그제야 깨닫는 것이다. 그것도 모두가 보는 가운데서⋯.

카메라는 밖에서 나를 보는 눈을 하나 더 만들어준다. 포토샵 처리된 앱 속 얼굴을 보며 색다르게 변신한 가상의 나를 공유하는 시대지만, 카메라를 그런 즐거움만을 위해 사용하기보다 진정한 나를 보는 눈으로 사용해 보는 것은 어떨까?

어느 날 나를 찍는 카메라를 설치하고 육아하는 엄마의 안경 낀 일상을 촬영했다. 그 속의 나는 카메라를 의식하기도 했고 아니기도 했고 장시간 주로 내가 머무는 공간을 촬영하다 보니 무의식중의 나의 행동이 그대로 찍혀지는 경우가 많았다. 나를 다시 들여다봤다. 꽤 시간이 걸리고 번거로운 일이기도 했다. 하루의 세끼 식사와 청소 빨래에도 바쁜데 일기 쓸 여유도 없는 엄마가 무슨 일상을 카메라로 보고 자신을 성찰하는 시간을 가지느냐고, 묻는다면 '변화를 위해서'라고 대답할 수밖에 없다.

지금 이대로 완벽하다고 생각한다면 괜찮다. 하지만 변화를 원한다면 움직여야 한다. 제일 먼저 할 것은, 나를 바라보고 자각하는 것이다. 그래서 나를 먼저 알아야 한다. 결혼 후 남편과 아이만 바라보다 잊고 있던 나를 계속 바라봐 주어야 한다. 거울을 보면 잘 안 된다. 자꾸 잡티만 보이기 때문이다. 왠지 의식해서 연기하게 된다. 그리고 그 앞에서만 잠시 자신감을 가질 뿐이다. 일상의 나를 바라봐야 한다.

남편은 가끔 나의 사진을 찍어주었다. 꼭 내가 안경을 끼고 잠옷 바람이거나 자고 있거나 흐트러져 있거나 엉망인 상태에서 사진을 찍었다. 어느 날 남편 핸드폰 사진첩 속에 제대로 된 나의 모습이 없는 게 너무 속상해서 제발 좀 화장하고 있을 때 찍어달라고 호소를 했다. 그런데 남편은 "진심으로 예뻐서 찍는다"고 했다. 그리고 그게 진짜 내 모습이라는 경악할 소리를 했다. 그때 알았다. 이것은 화낼 일일까 아닐까? 내가 나의 만들어진 모습 내가 보고 싶어 하는 모습으로만 기억하고 싶어 한다는 것을 알았다.

진짜 내 모습에는 관심이 없었다. 모르고 싶었다. 그것을 가족이 계속 보더라도 그건 내 모습이 아니라고 난 설정된 사진 속 그 모습만이 나야 하고 억지를 부리는 것이었다.

생각해보면, 어린 시절 사진을 넘겨보면서, 방에서 내복 입고 언니와 놀고 뒹굴던 내 사진 몇 장에 그 집을 추억하고 내 어린 시절의 진짜 모습을 더듬어 볼 수 있어서 좋았다. 놀이공원 앞에서 차렷하고 있던 설정 사진에는 별 기억도 추억도 없었다.

이제 우리가 찍어서 남길 기록은 기억을 대신하고 추억을 불러일으켜 줄 기록인 동시에, 일상에서 찍은 내 모습을 있는 그대로 조금 떨어져 바라보는 시간을 가지도록 도와줄 것이다.

육아도 이렇게 나를 밖에서 관찰하듯 자신을 지켜본다면 어떨까? 언제나 그 관찰자의 눈이 나를 지켜본다고 생각하면서 사는 인생이라면 "아~피곤해"하면서 24시간 관찰 예능을 당하는 사람이 된 듯 부자연스러울까?

마치 육아 예능에 출연하는 부모와 아이처럼 우리가 집에서 모든 행동을 조금씩 생각하고 조절할 수 있다면 어떨까? 그런데 만일 그 광경을 실제로 경험하는 사람은 나와 상대 둘뿐이라면 어떨까? 나는 내 눈으로 아이를 보는 상태지만 카메라의 눈을 하나 더 가지고 있다고 상상하며 초월적 존재가 지켜보는 방식으로 나의 모습을 보는 연습이 일상에서 해보았다.

사실 나의 뇌에는 그 바라보는 뇌가 있다. 어떻게 써야 할지 몰라 못 쓰는 사람이 대부분이고 그 방법을 듣더라도 관심이 없는 사람도 많을 것이다. 뇌를 사용하는 방법이 명상이라지만 그것이 힘들다면 우리가 집 어딘가에 있는 못 쓰는 휴대폰 같은 것을 잠시 아이들과 한 공간에 있는 오후, 저녁 시간에 내 모습을 찍어보자. 어쩌면 설거지하는 내 모습을 그냥 찍어도 상관없을지도 모른다. 그 뒷모습에 어느 날은 울컥할 수도 있다. 그것이 시작이다. 나를 바라보는 시간 그것을 가져야 한다.

드라마 속 연예인은 이제 그만 보자. 그들도 실체는 그 모습이 아니다. 우리는 티브이나 영화 속에 만들어진 상품과 평생을 놀아왔다. 잠시 쉬었다가 진실을 보는 시간을 가져보는 게 어떨까?

실제의 삶은 그렇다. 엄마는 눈 비비고 어기적어기적 밥을 하고 구부정한 자세로 쌀을 씻고 밥을 하고 냉장고를 열면서 반찬 재료들을 꺼내며 고민한다. 내 모습 그대로를 찍는다고 생각하면서 움직이면서 나를 바라보자.

카메라에 찍힌 우울하게 설거지하는 뒷모습을 보고 나면 자신에 대한 연민이 생겨난다. 그리고 그 뒷모습을 보고 있을 가족들을 생각해본다. 힘없이 앉아 빨래 개는 나의 모습을 내려다보자. 기분 좋은 음악을 틀어 놓고 아이들과 빨래 접기 놀이라도 하는 내 모습은 어떨까?

우리는 많은 인플루언서가 보여주는 삶을 연기한다고 생각하고 산다. 실제로는 안 그럴 거라며, 자신의 현실 속 삶과 너무 달라서, 믿지 않는다. 그런데 어쩌면 우리 생각과 다르게 실제 그렇게 살 수도 있다. 그들은 그 연기같이 꾸며지는 삶이 자신을 일으켜 세우는 역할을 해왔음을 알기 때문에 놓을 수가 없고 진짜로 그렇게 사는 사람들도 있을

지도 모른다.

그렇다고 엄마들이 SNS에 이제부터 적극적으로 사진을 올리라는 말은 아니다. 글을 올리든 사진을 올리든 자신을 보는 데 사용하라는 것이다. 마치 일기를 쓰듯 자신을 보는 도구처럼 글을 쓰고 아이와의 삶을 기록하고 남기는 과정은 분명히 나를 바라보는 연습이다. 나의 모습을 내가 알게 되는 시간을 만들어준다.

자신의 목소리와 표정과 태도 눈 맞춤을 체크해 본 적이 있을까? 뭘 번거롭게 그렇게까지 하나 생각할 수도 있다. 하지만 방송을 잘하기 위해서 아나운서는 자신의 목소리를 녹음해서 들어보는 것은 기본이고 비디오로 자세를 스스로 모니터하고 다른 사람들 앞에서 실제로 해보는 과정을 수없이 반복한다. 뉴스에 나오는 교사의 아동학대 영상을 접할 때 그 선생님 마음을 생각해 본다. 잠시 짜증이 났을 뿐이고, 자신은 전혀 그런 선생님이 아니라며 억울해하는 교사도 있을지 모른다. 아마몰랐을 것이다. 몸으로도 말을 할 수 있다는 것을 말이다. CCTV에 찍힌 아이를 학대하는 자신의 모습이 폭력적인지 눈으로 보고서야 자신이 자격미달의 교사라는 것이 그때는 보였을 것이다.

자신을 바로 바라보는 시간을 갖지 않고도 자신을 잘 안다고 자신하는 것은 무지로 인해 오만한 마음을 가진 채 주변 사람에게 엄청난 민폐를 끼치는 일이 될 것이다.

겸손하게 자신을 스스로 바라보는 것 '메타인지' 하는 것
나는 어떤 엄마인지 바라보기만 하는 것으로도 변화가 시작된다.

내 앞에서 내가 솔직해지는 시간을 나는 소중히 하고 있다. 그 시간 동안 마주 앉아 있을 때 내 속에서 글이 나오고 있다는 것을 실감하게 된다. 나에게 솔직한 마음으로 서 있을 때 내가 하고 싶은 말들이 입을 통해서가 아니라 손을 통해서 터져 나온다. 이 얼마나 신기한 과정인지 모른다.

나는 글을 쓰면서 나의 내면을 말로 이야기한다고 하지만, 이것은 내 입으로 표현되는 생각하고 다르다. 글로 표현되는 내 생각은 어떨 때는 내가 아닌 것처럼 느껴진다. 어떤 경로로 내 생각을 밖으로 드러내는 것을 선호하는가에 따라 어떤 이는 글이 더 나같고, 어떤 이는 말이 더 나를 보여주는 것 같고 어떤 이는 말 아닌 자신의 몸짓이나 행동이 그것을 보여주는 것 같다고 생각하기도 한다.

나는 어떤 방식으로 표현되는 나를 좋아할까? 아니 어떤 것이 더 나와 가깝다고 느낄까? 자신이 좋아하는 표현 방법을 통해 충분히 내면의 이야기를 표현해야 한다.

글은 조금 더 솔직하고 깊은 내면의 나와 만나게 해준다. 내가 말을 할 땐 내 가슴 깊은 곳에서 끌어내야 하는 감정은 말로 연결되지 않아서 표현이 엉키는 경우가 많았다. 글은 그런 경우라도 끊김을 지워가면서 표현할 수 있다. 잘 쓰든 못쓰든 글을 쓰는 연습을 통해서 나는 나를 바라보는 연습을 계속하게 된다.

나를 한 발 떨어져 보는 시간을 통해 자신의 눈으로 밖을 보는 것이 아니라 뭔가 초월적 존재의 눈으로 나의 머리 위에서 나를 바라보는, 전지적 작가의 시점 관찰자 시점을 느끼게 된다. 나의 일상을 위에서 바라보며 글을 쓰게 된다는 것이 내 마음이 열리고 안정되는 내적 변화의 시작이 되었다.

그럼 어떤 글을 써볼까? 천천히 일기를 써보는 것은 어떨까? 그것도 감사일기라면 더 좋다.

2-15

스케줄 다이어리가
감사일기로 바뀌다

다이어리가 감사일기로

미래의 할 일을 점검하는 스케줄표처럼 쓰고 있던 기존의 다이어리에서 변화가 일어났다.

해야 할 일을 계속 적고 체크하고 지우고 또 점검하는 글은 써도 써도 무엇인가 끊임없이 모자란 일이 생기거나 추가할 일이 생긴다. 내 내면의 성장보다는 불안함을 안심시키는 용도 이상으로 작용하지 않았다.

나는 지난 20년간 하나의 다이어리를 사용해 왔는데 바꿀 필요 없는 부분은 그대로 두고 일 년마다 내지를 교체해왔다. 휴대폰 크기 정도의 작은 콤팩트한 사이즈라 웬만한 작은 파우치에도 쏙 들어가고 누군가

기다릴 때도 꺼내서 나의 하루를 돌아보고 미래를 계획하고 정보를 언제라도 찾을 수 있는 보물 창고라 손때가 타도 버릴 수 없는 나에게는 소중한 다이어리다.

20년 된 다이어리가 있지만, 나조차도 어떤 해는 듬성듬성 거의 비어있는 상태로 다이어리의 다음 해로 교체한 적도 있었다. 그럴 때마다 자신을 돌아보며 그해의 빈 다이어리가 얼마나 내 내면을 채우고 살지 못했었는지를 선명하게 볼 수 있어서 쓰다만 흔적마저도 의미가 있다고 생각했다.

그런데 알람 기능이나 스케줄을 한눈에 확인할 수 있는 스마트폰을 사용해보니 일정 관리를 위한 다이어리는 점점 쓰지 않게 됐다. 대신에 메모하는 즐거움을 넘어서 내면의 성장을 이뤄주는 감사일기를 써야 겠다고 결심했다. 육아로 체력이 저하되고 무기력했던 시간을 지나면서 스스로 힘을 내기 위해, 자기계발서를 많이 읽었다. 임신 기간 읽은 《아티스트웨이》로 모닝 페이지를 쓰기도 했고, 《아침의 재발견》, 《미라클 모닝》 등 힘이 떨어질 때마다 수혈하듯 읽었지만, 잘 실천되지 않았다. 하지만 오히려 코로나로 집에 머물게 되면서 다른 약속으로 바쁘지 않게 되니 그토록 갖고 싶던 나만의 새벽 루틴을 시도해 보았고, 덕분에 감사일기도 매일 쓰게 됐다.

코로나 19로 인해 아이들과 24시간 부둥켜 살아야 하지만, 아이들이 학교를 안 가서, 오전 시간의 긴박함이 없어졌다. 여유가 찾아왔다. 잠시만의 나를 위한 순간을 만들기 위해서 어쩌면 절박한 마음으로 감사일기에 매달려 매일 발견해 내려고 했다. 아침마다 이 순간 감사할 3가지 찾기를 시작했다.

1년간 쓴 다이어리 속 감사함을 보며, 나를 칭찬했다. 매일 감사할 일들을 적다 보니, 아침저녁 내가 느끼지 못하고 넘어갔을지도 모르는 삶의 작은 행복들이 너무나 많은 것을 깨달았다. 매일 아침, 저녁에 감사 3줄로 마무리하거나 시작할 수 있다면, 엄마로서의 반복되는 삶에 있어 그 에너지의 변화에 깜짝 놀라게 될 것이다.

감사일기는 쓰는 순간도 쓰고 나서도 달랐다. 단지 해야 할 일을 잊지 않거나 계획을 세우기 위해서 필요했던 나의 스케줄 체크용 다이어리가 하루의 소중함을 깨우치게 되는 감사일기로 바뀌고 나서는 생각했던 일들이 쉽게 추진되었고 용기가 더 생겼고, 실행력이 커지고 내면의 힘을 키워 사랑으로 발산하는 일을 만들어냈다.

감사일기는 굳이 새벽에 일어나지 않아도 바로 실행하면 된다. 실제로 다이어리를 쓰는 일주일부터 굉장한 힘을 느낄 수 있었다. 다이어리를 폈을 때 양쪽 위클리 두 페이지에 감사함으로 가득 찬 떨림이 느껴지는 작은 글씨가 빼곡히 메워진 것을 보고 스스로 놀랐다.

늘 쓰던 후회와 반성의 일기가 아니었다. 자신을 자책하고 집요하게 문제를 찾다가 누군가 탓을 하고 숨던 그 예전의 소심한 자아비판 일기가 아니었다.

일단 쓰고 나면 너무나 상쾌해지고 입가에 미소를 짓게 하는 감사 일기는 이제 나에게 마법 레시피북 같은 비밀무기가 되었다.

해보지 않고 그런 좋은 점이 있구나, 하고 또 지나쳐 버리는 사람은 결코 그가 원하는 것을 얻을 수 없다. 감사를 하고 미리 그 이루어진 상황에 대한 기쁨을 충분히 즐기는 방법을 매일 연습하는 사람이 만드는 에너지는 경험해 보지 않고는 모를 것이다.

어떤 것에 감사하는가 하고 스스로 질문을 던지는 순간에 나의 뇌는 반짝하고 내 손이 그 생각을 받아 적으면서 불이 켜진다. 그리고 에너지는 움직인다. 기쁨, 감사를 느끼는 문장 하나하나 손가락의 힘 이상으로 내 현실에서 행복의 에너지 만족의 에너지가 가득 차게 될 것이다.

감사일기의 효과

    감사일기의 가장 큰 효과는 하루 전체를 긍정 에너지를 가지고 살게 된다는 것이다.

    내 에너지가 바뀌고 나의 파동, 진동수가 감사의 에너지로 올라갔을 때 주변이 저절로 바뀌어 움직이게 되는 상황은 계속 만들어졌다. 내가 감사를 느끼는 순간의 기록은 영향력이 대단하다.

1. 나의 내적인 힘을 느끼게 되었다.
2. 세상의 감사할 일을 더 자세하게 관찰하다보니 보이지 않는 것도 찾게 되었다.
3. 누군가가 나를 기쁘게 해줘야 행복한 삶이 아니라 내가 만들어서 이순간을 행복으로 채우는 방법을 알게 되었다.
4. 나에게 이렇게 감사할 일이 매일 벌어진 다는 것이 신기했다.
5. 매일의 다른 감사함이 계속 이어진다. 쓰기 전에는 몰랐던 새로운 감사한 일들이 펼쳐지는 느낌이다.
6. 감사한 에너지가 내 주변으로 퍼지는 것을 실감한다.
7. 나의 마음을 편안하게 유지 시켜준다.
8. 나 스스로가 나를 평화로 보호막을 만들어주는 듯 보호해 주는 느낌이다.
9. 아이들의 작은 것에도 감사함으로 바라볼 여유가 생긴다.
10. 내가 실수한 순간도 나를 너그럽게 바라보면서 그 정도라 감사하며 자책하지 않는다.
11. 내가 나의 엄마가 되는 느낌이다. 나의 신과 가까워지는 느낌이다.
12. 감사일기를 쓰면 지지 받고 응원 받고 인정받는 시간이 된다.

13. 나에 대한 긍정적인 모습을 더 발견하게 된다.

14. 감사할 일을 찾는 과정에서 나의 마음의 근육이 발달하게 된다.

15. 논리적으로 따져서가 아니라 마음으로 받아들이는 에너지가 커져서 더 여유롭게 된다.

감사일기를 쓰는 하루의 시작과 또 하루의 마무리가 2020년, 1년 동안 쌓였다. 노트는 내 생에 처음으로 쓰는 감사일기 다이어리가 되었고 기존에 십여 년 내가 써오던 방식인, 해야 할 일을 트래킹하는 용도의 다이어리 쓰기에서 벗어나 내면적으로 성장할 수 있는 다이어리가 되었다.

내가 발견하지 않으면 결코 인지하지 못했을 감사한 나의 현재를 새벽 시간에 글로 쓰니 훨씬 생활 속에 감사할 일을 많이 찾아내게 되었다. 바깥 세계에 있는 무언가를 찾으러 다니느라 분주했던 과거와는 다르게 내 내면으로 들어가서 더 깊게 내 속에서 반짝이는 보물과 마주하며 반갑게 꺼내어 닦아주는 시간을 가지는 나의 새벽 시간을 사랑하게 되었다. 아무의 방해받지 않는 시간의 선물을 받느라 새벽에 눈이 번쩍 뜨였다.

뭘 닦는 일은 바닥청소나 설거지만 해왔지, 인생에서 진짜 닦아야 할 것, 나 스스로가 회피해왔던 내 안의 원석을 닦는 일은 처음이다. 마음을 비우고 닦고 나서 만난 내 안의 보석을 바라보는 새벽의 시간을 통해 아이의 엄마로서 내가 성장하고 나라는 한 인간으로서 성장하는 시간을 만들어가고 있다. 변화하고 싶다면, 나의 뇌를 들여다보고 나의 마음, 심장에 손을 얹고, 자신과 이야기하는 시간을 가져야 한다고 말하고 싶다.

삶은 옆으로 돌려보면 다른 그림이 보이는 홀로그램이다. 다른 면을 보면 고통이 감사가 된다. 보는 관점에 따라 달라진다. 내 관점은 내 선택으로 바뀐다. 그리고 그 관점을 선택할 때 사람들은 습관적으로 한쪽 면만 보려고 하기 쉽다. 어떤 쪽을 보는 연습을 해야 할까? 어떤 시야를 가지고 이 홀로그램 같은 우리 삶을 읽으면 좋을까? 나의 지금의 선택이 행동이 결정하는 것이다.

'종자 생각'이라는 말이있다. 내면에 자리잡은 무의식에 있는 종자 생각들은 몸과 마음에 영향을 미친다는 과학적 연구는 심신 상관 의학 관련 자료로 많이 접할 수 있다. 우리 속담 중에도 "말이 씨가 된다"라는 말도 있지 않은가? 불행하게도 뇌는 우리가 하는 말이 은유적인지 사실인지 구분하지 못한다. 예를 들어 "축구공을 생각하지마!"할 때 무엇이 떠올랐는가? 순간 스쳐떠오르는 축구공의 이미지에 우리 생각의 작동방식을 알 수 있을 것이다.

문장에서 부정어를 빼고 말하거나 생각하는 것이 좋다. 생각하지 말라는 부정어보다 우리 뇌는 축구공을 더 빨리 떠올려 버리기 때문이다.

심리학자들의 연구에 따르면 우리 감정의 95퍼센트가 순간 스쳐가는 말에 의해서 결정된다고 한다. 긍정의 이미지와 긍정의 말을 스스로에게 해주고 감정을 원하는 방향으로 이끌어 목표를 이루어내는 것은 생각은 쉽지만 습관이 되어야만 차이를 만들수 있다.

수많은 성공한 사람들이 확언을 통해서 성취를 이루어 냈다. 그들은 제대로된 자기 확언을 스스로에게 해주는 습관을 통해서 자신이 생각한 인생모습을 창조해왔다.

원하는 것을 현실에서 이루어내려면 무작정 남의 확언을 따라 해보는 것도 좋지만 나 자신에게 힘을 주는 '확언'을 잘 만드는 것이 중요하다.
뇌는 자신의 거짓말도 잘 찾아내는데 아무리 진심인 듯이 자신에게 말해
도 자신을 속이기는 힘들기 때문이다.

1. 확언 선언시 현재형 또는 과거형으로 쓴다. 그리고 그 확언에 대한
   감정을 느껴본다.
2. 그 확언에서 긍정적인 감정이 느껴지지 않는 경우 잠재의식에서 '저
   항' 이 일어나는 것이다. 확언을 현재진행형 문장으로 바꾸거나(~하
   는 중이다) 가까운 미래형으로 바꾼다(~에 가까워진다) 변화와 성장
   에 초점이 맞춰진 문장이 되어 좌뇌의 논리적인 판단개입이 줄어들
   어 저항이 없어진다.
3. 이루는 과정을 추상적인 존재에게 내맡기는 표현을 쓰는 것도 좋다.
   (신의 도움으로 ~를 할 수 있었다.)
4. 쉽게 할 수 있는 행동을 연결해 만드는 것도 좋다.
   (나는 5분운동을 실천함으로써 ~ 할 수 있었다. 나는 매일 15분 독서
   함으로써 ~할 수 있었다 등)
5. 확언은 그 말보다 느낌을 끌어당기는 것이다. 거부감 없이 그 상상
   속에서 신나게 즐기는 시간을 가지는 게 중요하다. (열심히 노력하
   거나 애쓰지 않는다.)
6. 종자생각 확인하기

나만의 긍정적인 문구를 만들기 전에 생각해 볼 것은 '집단적인 종자

생각'이다. 일반적인 사람들의 믿음에 대해서 나도 정말 그렇게 생각하는지 의식적으로 살펴보는 과정이 필요하다는 말이다. 다양한 사람들의 생각을 그대로 받아들이면 그 내용도 나의 무의식적 믿음의 체계로 자리잡게 된다고 한다. 나도 모르는 사이에 주입된 생각이 (착한 사람은 결국 당한다. 고통을 겪어야 성취할 수 있다 등) 아닌지 곰곰이 생각한 후 긍정적 종자 생각을 창조하는 것이 중요하다.

문장 만들어보기 (예시문장써보기)

• 엄마로서 힘든 순간에 내가 나에게 해주는 문장

  1.

  2.

  3.

• 아이들과 함께 행복한 가족에 대한 감사 문장

  1.

  2.

  3.

• 아이들이 힘들어할 때 격려할 수 있는 문장

  1.

  2.

  3.

• 남편에 대한 감사문장

  1.

  2.

  3.

내 안의 여신 일깨우기
– 미덕카드

우리 안의 여신 발견하기

우리 안에는 모두 여신의 힘이 내재되어있다고 한다. 우리가 깨닫지 못하고 발견해 내지 못한 힘이 우리 속에 들어있다. 아인슈타인의 뇌만이 연구대상이 아니다. 모든 사람에게는 가지고 있는 힘이 있는데 자신을 믿고 그것을 발현해 내려고 시도 하는 사람은 그다지 많지 않다. 시도하다 빨리 좌절하고 포기해버린다. 뇌는 끊임없이 변하는데 우리가 포기하는 순간은 죽기 전쯤이 되어야 한다.

뇌가소성의 원리에 대하여 아는 것만으로 아무것도 바뀌지 않는다. 그것을 알고 내 안에서 실천해서 그 뇌의 변화를 실감하는 사람만이 변화를 경험하는 사람이 될 것이다.

이번 코로나 시기에 불행 중 다행으로 나는 온라인으로 하는 명상 수업에 참여하게 됐다. 고대 4대 요가 중 한가지라고 알려진 '라자요가'를 함께 알아보는 클래스였다. 명상에 대해 경험하고 싶어도 아이들 때문에 직접 명상센터를 찾아가지 못했을 텐데 온라인으로 집에서 이론과 실습 경험을 나누는 시간은 나에게 너무나 감사한 경험이 되었다. 아이는 온라인 수업을 듣고, 나는 그동안 화상 수업을 하며 이 시기의 혼란에도 나름의 새로운 배움의 기회를 얻을 수 있었다.

라자요가 명상의 설명 중에는 각각의 힘을 상징하는 여신들의 이야기가 흥미로웠는데 변화의 여신(두르가), 수용과 이해의 여신(자가담바), 직관과 명료성의 여신(가야트리) 등, 8명의 여신이 우리 속에 있으며, 여신의 미덕들이 내 속에서 더 자라날 수 있도록 열린 마음으로 신에게 이어지는 명상을 한다면, 내 안의 힘을 끌어낼 수 있다고 한다.

나는 어떤 여신의 힘을 원하는가

우리 속의 여신의 힘은 어쩌면 우리 안에 있지만 사회적으로 잊히기를 강요받은 채 살다가 영영 꺼내 쓰기를 잊어버린 것은 아닐까? 우리 안에 아주 크게 잠재되어있는 힘을 기억해 낸다면 어떨까? 나는 궁금했다.

아이들에게 아낌없이 내어주는 나무가 되어주는 것이 유아기, 아동기의 부모 모습일 것이다. 우리는 그럴 만한 힘도 충분히 가지고 있는데, 가끔 포용력이 부족한 내 모습에 스스로 실망할 때가 있었고, 다른 부모와 비교하며 더 사랑을 표현하지 못하는 것 같아 미안해하기도 했다. 하지만 남과 비교하는 불필요한 행동보다 지금의 나에게 필요한 수용과 이해의 여신 자가담바가 내 안에 있음을 기억하며, 풍요로움과 성공의 여신 락쉬미를 떠올리는 것이 훨씬 도움 됐다.

내게 이미 내재된 그 힘을 생각해내는 명상을 하며, 그 에너지를 더 키워내도록 마음을 여는 시간을 새벽마다 가지려고 한다. 그런 평화로운 모습의 나를 기억해 내고 내 영혼의 본성과 내 삶이 같아지도록 매일의 나를 바라보는 삶을 살아가려고 한다. 좋은 미덕의 단어들을 접하기만 해도 내 속에 들어 있는 감동의 단어들이 빛이 나며 가슴으로 올라온다.

누군가가 나에게 그런 미덕이 있다고 칭찬을 해주는 순간 내 속에 그 단어가 들어와서 잊고 있었던 나의 긍정적인 모습이 커지며 그 미덕에 관련된 일들이 더 크게 강화가 되는 것이다.

매사 인정받으려고 노력하는 딸의 행동을 볼 때, 내 모습을 거울처럼 비추어주는 것 같아 놀랄 때가 많다. '인정을 받고 싶었구나.' 하며 내 안의 어린아이를 바라본다. 그리고 나에게 말해준다. '그랬구나 칭찬받고 관심을 두었으면 했구나. 잘하고 싶었구나, 사랑받고 싶었구나…'

나 스스로 나에게 이야기하며 안아주며 내면 아이 치유도 하게 되는 듯하다. 늘 타인이 이야기할 때만 만족해야 할까?

인정과 위로는 내가 스스로 언제나 해줄 수 있다. 명상을 통해서 나에게 부드럽게 말을 걸며 내 속의 의지력, 지혜, 믿음, 균형을 일깨워주며, 오늘은 결단력과 정확성의 여신을 기억해 내주며 힘을 기르고, 다음날은 용기 목적의식 자신감을 떠올리며 용기와 지혜의 여신인 칼리를 마음에 품는 하루를 보내고 또 풍요로움과 성공의 여신인 락쉬미를 생각하며 나의 내면의 관대함, 책임감, 존중과 겸손의 미덕을 발휘하며 내면에 넘쳐흐르는 부와 보물을 발견해 내는 시간을 가져본다.

하루하루 누군가가 나에게 그런 미덕의 칭찬을 해주듯 나에게 이야기해준다면, 엄마들의 바쁘고 힘들고 위로받지 못하거나 인정받지 못하는 반복되는 삶에 스스로 에너지를 얻는 방식의 하루를 시작하게 될 것이다.

딸이 내 책상에 와서 기웃거리면 나는 가끔 카드를 건네며 뽑아보라고 한다. 아이는 카드를 보면 아주 설레하며, 진지하게 하나를 뽑고 거기에 나온 글을 크게 읽는다. 아이에게 뽑게 한 카드는 '미덕카드'로 내가 가진 미덕을 일깨워주며 오늘 하루 그 미덕이 담긴 생활을 할 수 있도록 긍정적인 내 안의 에너지를 일깨워 준다.

이렇게 나에게 해주는 칭찬, 내가 발견하는 감사할 일들을 명상하며 마음에 담고 하루를 보낸다. 사회에서 따로 특별하게 인정받지 못하는 엄마라는 삶에서 내 안에 존재하는 여신의 힘을 떠올리는 명상과 미덕카드로 내가 나에게 주는 위로와 격려의 시간은 나를 더 사랑할 줄 아는 근육을 만들어 주었다.

내 아이는 영재인가?

다양한 육아 상식과 정보 노하우에 우리는 포화상태다. 교육 전문가들은 엄마들을 죄책감이 들게 하거나 돌도 안 된 아이에게 상위 1퍼센트에 드는 자질을 가졌다고 칭찬하면서 서열을 매긴다. 아이들의 미래를 부모 마음대로 꿈꾸게 만드는 미디어들을 늘 마주하고 있다. 제대로 된 물건을 구매하면 더 사랑받고 더 똑똑해지고 행복하게 살 수 있다는 광고와 마케팅에 세뇌되고 있다. 아이들이 자신의 가치를 '무엇을 가지고 있느냐'로 정의하는 안타까운 시대라는 것을 알지만, 엄마는 아이를 잘 키우고 싶다며 어떻게든 온갖 정보를 기웃거리고 있다.

각종 창의성 프로그램들을 해내면 저절로 영재가 되는 걸까? 영재가 아닌 아이들도 영재로 만들어질 수 있다고 하는데 과연 우리 아이들은 영재가 되고 싶어 하나? 누구를 위해 영재를 만들려고 하는 걸까?

어느 날 첫째의 학교 알리미에 2학년부터 지원할 수 있는 브릿지(장기관찰방식)전형정보가 있어 호기심에 영재교육원에 지원서를 쓰고 있었다. 딸아이의 수학 과학 관련한 특이사항이나 장점을 쓰라는 부분이 있었다. 아이가 교육원에서 경험하게 될 것들을 상상하면서 내 아이의 수학, 과학에 대한 호기심과 관심에 대하여 글을 쓰던 중 딸아이가 옆에 와서 글을 읽고 있었다. 자신에 대한 내용이라 흥미롭게 읽더니 내용이 마음에 든다고 해서 함께 설문 문항을 읽으며 지원서를 마무리했다.

그런데 잠시 후에 "엄마, 그런데…. 제가…. 영재예요?"하고 물었다.

영재교육원 사이트 이름을 보고 '영재'라는 말에 신경 쓰고 있었던 것이다. 나는 모든 아이는 다 천재로 태어난다고 말해주었다. 모두에게는 각자의 능력이 잠재되어있고 그것이 다 다르지만 학교 과목에서 다 드러날 수도 있고 아닌 아이들도 많으니 누가 성적이 나쁘다고 영재가 아니라고 말할 수 없으며, 운동, 음악, 미술, 수학, 과학 등 다양한 분야에 영재가 있다며 차근히 딸에게 설명을 해주었다.

표준국어대사전에서 찾아보면 영재(英才, gifted child)는 일반적으로 빼어난 재주, 또는 그러한 재주를 가진 사람을 말하는데, 교육심리학 용어사전에는 "전문가적인 능력이 뛰어나 탁월한 성취를 보일 가능성이 있는 자로 최근에는 지능의 단일요인이 아닌 다 요인에 의해 정의되며, 보다 구체적인 특정 분야에서 뛰어난 재능을 가진 아동을 지칭한다."라고 정의한다.

여기서 말하는 '전문가적인 능력'에 대한 의문이 생기는데 아이들에게 능력은 지금 만들어지는 중인데 탁월한 성취를 보일 가능성이 빨리 보이는 아이도 있으며, 나중에 발현될 아이도 있을 것이다. '영재'라는 이름으로 특정 시기에 인정을 해주거나 인정받지 못한다면 아이와 부모 모두에게 잠재적으로 미래의 기대를 한정 짓는 일이 될지도 모른다는 생각이 들었다.

영재라는 말이 쓰이는 곳은 어디일까? 아이들이 영재라는 말에 자신도 부담감을 느낄 수 있다는 생각이 들었다. 어릴 때 자신이 영재라는 사실을 알고 크는 아이들은 자라는 과정에서 그 영재성을 잘 이어갈 수 있는 환경이 지속적으로 제공되지 않는다면 오히려 자신의 재능을 믿고 노력하지 않아 성장 과정에서 기대한 만큼의 역량을 발휘하지 못하는 역효과를 일으킬 수 있다.

전국에 2천 개가 넘는 영재교육 기관이 있고 10만 명의 학생이 영재교육을 받고 있다고 한다. 기존 학교 교육 이외에 창의성에 도움이 되는 융합 교육을 받을 수 있는 교육 환경이라면 부모로서는 궁금할 수밖에 없다. 하지만 정부와 교육 현장에서 치열한 노력을 계속하고 있지만, <영재발굴단> 중 한 과학 영재의 부모님이 "자신이 아이를 위해서 해 줄 수 있는 것이 무엇이 있느냐?"라고 <영재발굴단> 멘토들에게 물었을 때 "우리나라에서 현재로서는 방법이 없다"라고 답했다는 것이 안타깝다.

다양한 실험을 하며, 토의해보거나 발견해 가는 경험, 다른 학교의 우수한 친구들과의 교류 등 기대할 수 있는 교육원의 장점들이 많이 있다. 좋은 환경을 경험하게 해주고 싶어 하는 부모는 얼마든지 교육원에 지원해 볼 수 있다. 하지만 각종 영재 프로그램에 합격하여 아이가 스펙을 쌓을 수 있도록 부모가 수학학원, 과학학원으로 이끌어 만들어 가는 영재는 지금은 그 가능성이 보이는 영재로 활약을 할지 모르지만 그 아이의 목표인지 부모의 목표인시 잘 살피지 않는다면 진정한 전문적인 능력을 보여야 할 시간에는 자신이 원하던 길이 아니었다고 포기해 버릴 수도 있다.

아이의 관심 아이의 진정한 재능에 귀를 열고 있다면 그것만으로 부모자체가 좋은 환경이 되어줄 수 있다. 아이의 뜻을 물어보지 않고 나혼자 조용히 지원서를 보내려다 들킨 나는 생각해보았다. 진정으로 수학과 과학을 좋아하는 딸인가? 수학이라면 도망가는 아이였는데 내가 환경을 제공해 주지 못한 것을 교육원에게 기대한 것이었나?

그리고 내 아이를 가르치는 부모로서 얼마나 그 뜻을 존중해 주었나 생각해 보았다.

엄마니까 엄마가 가르쳐 준대로 하라는 지시나 무언의 압력도 많았던 것 같다. 아이를 존중해야 하는 것은 알지만 강하게 알려줘야 할 것과 자유롭게 융통성을 가지고 스스로 할 수 있게 기다려 주는 것 사이에 모호한 문제들은 끝까지 내 생각으로 밀어붙여 아이의 고집을 꺾고 말았으니 말이다.

아이를 영재로 기르기 위해서는 이 아이를 내가 영재로 키워 낼 수 있다는 부모의 자만심이 없어야 한다. 이 아이 자체가 영재라는 믿음 하나만으로도 충분하다. 부모의 믿음 아래 자라는 아이는 곧 빛을 보여주며 자신만의 색을 드러낼 것이다. 아이는 사랑과 믿음으로 충분히 채워졌을 때 꽃을 피우는 순간을 맞이하게 될 것이다. 우리는 어떤 꽃이 피는지 모르는 씨앗을 지켜보는 중이다. 무슨 색의 꽃이 필 것인지 당신은 알고 있는가? 부모의 역할은 땅을 고르고 물을 주면서 뿌려져 있는 씨앗의 싹이 잘 자랄 수 있도록 햇살과 함께 기다려주는 일뿐이다.

'감성지능'이란 무엇인가?

감성지능, 즉 정서지능(Emotional Intelligence)은 자신과 타인의 감정과 정서를 점검하고, 그것의 차이를 식별하며, 생각하고 행동하는 데 정서정보를 이용할 줄 아는 능력이다.

학창시절 IQ검사 한 번씩은 해봤을 것이다. 그동안 우리는 언어와 수리능력 중심의 IQ검사로 사람의 미래를 속단해왔다. 하지만, 초연결 사회인 현대 사회를 살아감에 있어서, IQ같은 개인 능력이 아닌 사람 사이 상호관계에 필요한 감성지능이 중요시 되고 있다. 자신감, 자기조절 능력, 대인관계 기술, 공감 능력 등을 포함한 감성지능을 가진 인재는 사회에서 높은 수행 능력을 좌우하는 결정 요인이 되고 있다.

지능과 감성은 반대 개념이 아니다. 행복한 인생을 살기 위해 두쪽이 꼭 필요한 날개와 같다. 자신감, 자기조절 능력, 대인관계 기술, 공감 능력 등을 포함한 감성지능을 가진 인재는 사회에서 높은 수행 능력을 보여준다.

미국의 한 매체에서 감정지수가 높은 즉, 정서지능이 뛰어난 사람들의 특징 5가지를 소개했다

1. 다른 사람의 감정을 읽으려 노력한다 (공감)

2. 느긋하게 행동한다 (여유)

3. 늘 호기심을 갖는다 (창조성)

4.균형을 잘 잡는다 (조화)

5.매일 자기를 인식하는 시간을 갖는다 (성찰)

　　이 5가지의 특징은 전뇌육아에서 강조하는 부분이다. 감정코칭을 통해 공감을 연습하고 삶을 조금 더 단순화하여 여유를 가지는 시간을 아이들에게 많이 주는 것. 휴식으로 창조성을 깨우고 일과 삶의 균형 학습과 놀이의 균형을 이루고자 하는 것이 밸런스 육아다. 아울러 부부의 조화를 통해 가족공동체를 제대로 만들고, 육아에만 지쳐 있지 않도록 자신을 성찰하는 시간을 가지도록 해야 한다.

자발성을 기르기 위한
보상 방법

고양이가 주는 깨달음

　얼마 전 입양한 고양이 민트에게 나는 좋은 주인이 되고 싶었다. 밥을 주고 사랑해주어서 얼른 무릎냥이가 되었으면 하고 간식을 주문하고, 민트의 관심을 끌었다. 유기묘였던 민트는 묘생 1~2년간 어떤 상처를 가지고 있는지 모른다. 고양이는 처음이지만 나는 이전 강아지 키울 때의 성공적인 훈련 경험을 떠올리며 간식으로 훈련시킬 생각에 자신이 넘쳤다. 딸아이가 그토록 원하는 무릎냥이를 엄마가 만들어줄 테다 하고 겁이 많은 성격의 이 고양이를 안고, 쓰다듬고, 내려놓고, 간식을 주는 행동을 자주 했다.

안아주고 바로 좋아하는 것으로 보상을 해주고, 그것이 반복되면 자주 와서 안길 것이라는 과학적 동물 실험에 근거한 스키너실험(스키너 상자는 빈 상자에 먹이통과 연결된 지렛대를 쥐가 누르면 먹이가 나오도록 하는 실험이다. 먹이를 주는 강화를 통한 어떤 반응을 증가나 감소시키는 조작적 조건형성 실험)을 염두에 둔 생각이었다.

그러나 민트는 나의 야심 찬 기대를 무너뜨렸다. 민트는 한 달 동안 우리 집에 적응하면서 나를 가족 중 경계대상 1호로 생각하게 되어버린 것이었다. 처음에 감기 때문에 눈곱이 껴 안약을 넣느라 친해지기도 전에 꽤 귀찮게 한 것이 문제였을까? 잠에 취해 있을 때를 제외하고는 평소에 내가 근처에 가면 경계의 태세로 고쳐 앉거나 아이들 쪽으로 가거나 구석으로 숨었다.

아이들과 남편은 언제나 민트를 기다려 주는 쪽이었고, 특히 딸아이는 고양이보다 더 조심스레 움직이며 곁에 있었다. 점점 민트는 아이들을 안전한 집사로 생각하고 책을 읽는 아이들 옆에 앉아있거나 밥 먹는 아이들의 의자 밑에 자리를 잡았다.

나의 무릎냥이 개조 계획은 보기 좋게 실패했고 나는 고양이에 대한 지식을 뒤늦게 공부했다. 고양이를 키운 사람들이라면 바로 알겠지만 '고양이마다 다르다'는 대 전제를 알아야 좋은 집사가 될 수 있다고 한다(고양이는 원하지 않을 때 만지면 싫어한다는 것을 뒤끝이 있어서 삐짐이 오래간다는 것을, 고양이 성격마다 취향이 너무 다르다는 것을 알게 되었다).

그러나 제대로 깨달은 것은 고양이의 지식이 아니라 나에 대해서였다. 보상을 주고 무언가를 받겠다는 의도 그리고 그것이 계획된 의도로 상대를 '조종'하려고 하는 나의 마음이 존재함을 알아차리게 되었다.

그렇다면 부정적인 행동의 교정을 위해서 변화가 필요한 경우에 어떻게 해야 할까? 단순히 뭔가 하고 간식을 주면 동물도 인간도 변화가 가능한 것은 아니었다.

인간은 모두 스스로 원해서 무언가 하고 싶어 한다. 그런데 마음은 그렇지만 몸이 생각대로 안 움직여진 경험이 많을 것이다. 그럴 때 자신에게 보상을 주는 방법으로 "부엌에 쌓인 설거지를 먼저 치우고 커피 한잔 달콤하게 하자!~" 하고 자신을 달래가며 움직인 적이 있을 것이다. 어차피 마실 커피지만 해야 할 일을 한 후 자신에게 상을 주는 식으로 자신을 살짝 속이며 움직이게 만드는 것이다.

자율성, 자발성을 기르려면 보상 강화의 이론을 아는 것이 도움이 된다.

뇌과학에서 '동기'에 대한 연구가 많다 내재적 동기, 외재적 동기는 즉각적인 행동을 유발할 수 있어 아이들의 부정적인 행동 교정에 효과적이다. 그중 알려진 도파민은 강화학습과 습관형성에 중요한 역할을 하는 신경전달물질인데 도파민이 너무 많으면 충동적인 행동과 성급한 행동을 하기가 쉽고 부족하면 행동의 시작이 어렵고 동작도 느려진다.

도파민은 보상이 확인되는 순간 분비되는데 파블로브의 개 실험으로 익히 알려져 있다. 도파민은 예상보다 더 많은 보상이 주어질 때 더 분비되고 그 시점이 불특정할 때 분비가 더 활발하게 이루어진다고 한다. 도파민은 이전의 반복된 행동을 하기보다 변화와 도전을 할 수 있도록 행동하기 쉬운 상태로 만들어 주는 것이다.

그래서 실제 교육 현상에 많이 적용되어있고, 집에서도 칭찬스티커 등의 보상제도를 이용하여 긍정적인 방식의 훈육을 쓰는 부모도 많다.

보상은 꼭 사탕을 주거나 선물을 주거나 하는 물질적인 보상이 아니더라도 하이파이브 같은 비언어적인 행동을 이용한 사회적 보상을 해줄 수 있다.

내 경우는 자주 높은 목소리 톤으로 깜짝 놀라 하거나 과장된 몸짓으로 잘한 점을 격려하는 방법으로 아이들을 키워왔는데 그런 행동은 너무 자주 보게 되면 강도가 조금만 낮으면 별로 잘한 것이 아닌가? 하고 엄마에게 아쉬움을 표현하는 부작용이 있었다. 그래서 갈수록 놀람의 과장 강도를 줄이고 대신 경험적인 보상을 제공해주고 있다. 한 아이 미술학원에서 수업하는 동안 다른 아이와 함께 기다리는 동안 카페에서 핫쵸코 데이트를 하기도 하고 서점이나 도서관 데이트는 한 아이씩 특별한 엄마와의 시간을 가질 수 있어서 아이들이 다른 물질적 보상을 받는 것보다 훨씬 더 좋아하는 보상이 되었다.

내재적 동기를 유발하는 보상은 사회적인 보상이나 경험적인 보상이 될 것이며 이것은 훨씬 강하고 능동적이라고 할 수 있다. 이때 생각해보아야 할 점이 있다. 좋은 약도 주의사항 있기 때문이다.

• 내적동기가 이미 있는 경우

책을 잘 읽는 딸아이에게 책 더 읽으면 무엇을 준다고 하는 외적 보상은 그다지 효과가 없고 오히려 잘 읽던 책을 뭔가 보상을 얻기 위해 대충 읽어버리면서 권수를 채우는 것으로 보상의 의미가 변질될 수 있다.

이미 내적동기가 생긴 행동에는 보상을 주는 것에 신중해야 할 것이다. 오히려 책을 읽는 것은 좋아하지만 치우기 힘든 아이에게 재미없는 집안일과 같은 교정이 필요한 행동이 있을 때 그 부분을 다루기 위해 외적 보상 체계를 마련하여 잔소리 없이 아이를 긍정적으로 강화할 수 있다.

• 보상시 주의사항

《존중하라》(처음북스)의 작가 폴 마르시아노는 항상 말이 당근을 좋아하지 않을 수도 있다며 인센티브 제도의 맹점에 대해 이야기 했다. 그는 성과보상제도가 통하지 않는 20가지 이유를 언급했는데 아이들의 보상에서도 동일한 부작용을 염두에 두고 보상제도를 시행해야 할 것이라 생각이 들었다.

보상체계로 부모가 훈육할 때 잘 관리가 안 되면 목표에만 매달려 과정을 엉망으로 하거나 반칙, 거짓말 등의 부정적인 인생의 태도를 연습하게 될지도 모른다. 아울러 목표가 있다는 점은 좋지만 작은 부분에 보상을 받는 것에 만족하다 자신이 그 이상의 것을 해낼 수 있는 자신만의 목표에 도전하지 않을 수도 있으니 주의해야 한다. 아울러 회사에서는 팀워크를 해치게 되듯이 가정에서 일관성 공정성이 잘 갖추어지지 않으면 형제 자매 사이에서 불필요한 경쟁과 대결 구도로 사이가 나빠질 수 있음에 주의해야 할 것이다. 게다가 선물 등의 물질적 보상시 자주 주어졌을 때 강화물이 되기보다는 선물에 불과한 것으로 보상제도가 사라지면 목표했던 행동에 대한 사기가 떨어져 부정적인 영향을 끼칠 수도 있다.

• 동기부여

아이들에게 만약 레고 놀이에 보상을 주는 경우는 어떨까?

시간제한은 없고 완성하면 용돈이나 선물을 받게 된다. 아이들이 그만둘 때까지 계속 보상이 주어진다. 그러나 완성후 다음 레고는 용돈의

금액을 10퍼센트정도 줄이거나 보상을 조금씩 줄인다면? 점점 적어지는 보상에도 계속 레고를 조립할까? 계속 끝까지 조립을 하고 있는 아이는 어떤 아이일까?

행동 경제학자 댄 애리얼리 교수의 실험에서 레고 조립 실험을 했다. 2달러의 보상과 그다음은 1.89달러로 보상이 11퍼센트 줄어들어도 계속 실험에 참가하는 사람은 '동기'가 강한 사람이라고 한다. 보상이 줄어들어도 계속 레고를 조립하는 사람은 일에 있어 '동기'가 더 강한 사람이라고 한다.

또한 두 그룹으로 나누어 실험을 시행하였는데 1그룹은 완성된 레고를 그대로 둔 채로 다음 레고를 진행했고 2그룹은 그들의 눈앞에서 완성된 레고를 해체한 후 다음 레고를 주었다. 어느 그룹이 조립을 더 많이 했을까? 예상대로 1그룹은 10.6개, 2그룹은 7.2개로 차이를 보였다.

아이들의 작품도 쓰레기 천지가 되더라도 일정 기간 전시를 하거나 사진을 찍어두는 과정을 거치는 것을 눈앞에서 보고 나면 새로운 창조에 더욱 신날 수 있을 것이다. 아이들은 엄마를 놀라게 하는 것이 제일 행복하지만 곧 쓰레기통에 들어갈 물건을 대하듯 자신의 에너지가 담긴 작품을 해체하고 만다면 더는 창조에 동기를 잃어버리게 될지도 모른다.

물질적인 창조 외에 정신적인 창조과정도 도울 수 있다. 아이들의 엉뚱한 모든 생각들 이야기도 쓰레기통에 들어가듯 하찮게 듣고 잊어버리는 것이 아니라 기억해주고 기록해 두고 아이들의 역사를 함께 소중하게 여겨주자. 그들의 말로 하는 창조 몸짓으로 하는 창조에 엄마의 기록 노력을 더하면 아이들에게 생활 속 최고의 동기부여가 될 것이다.

또한 아이들에게 가장 주의해야 할 것은 창의성과 위험 감수 성향에 대한 부분인데 보상받을 가능성이 보이면 실패에 대한 두려움으로 위험 회피하는 경향이 보이게 된다. 이미 할 수 있는 것, 쉬운 것만 하려 들고 새로운 모험을 시도하거나 조금 더 창조적인 사고를 저해할 수 있기 때문에 아이들의 행동에 보상으로 강화하려고 한다면 창의적이 거나 집중적인 노동이 필요한 과제에 보상을 제공하지는 않도록 주의 해야 할 것이다.

보상이라는 좋은 방법을 통해 부정적 피드백으로 아이에게 훈육하기 보다 긍정적 강화를 하는 것은 현명한 부모의 방법이다. 그 방법을 사 용하는 순간 자신에게 물어보는 과정이 필요하다.

당신은 이 보상을 통해 교정하려는 행동은 나를 위한 것인가 조종하 려고 하는 것인가? 진정 아이를 존중하는 마음으로 이 과정을 시행하 는 것인가?

부모로서 당연히 가르쳐야지 했던 것이 어쩌면 내가 원하는 대로 바 꾸려고 조종하는 것일지도 모른다는 점을 늘 평소에 기억하자.

2-19
희생하는 엄마보다는, 함께 성장하는 엄마되기

자기 전 도서관에서 빌려왔던 동화책을 읽어주다 아이들 앞에서 펑펑 울어버렸다. 엄마가 울어버려 셋이 함께 울다가 마음 아파 다시 보기 힘든 책이 되어버린 권정생 님이 쓰고, 김세현 님이 그린 동화《엄마 까투리》(낮은산)때문이었다. 불길 속에 내 아이를 안고 혼자 까맣게 타 죽게 된 엄마 까투리에서 나의 엄마가 보였다. 사흘 뒤에 가보았더니 아기 까투리들은 엄마 날개 아래서 솜털하나 다치지 않았단다. 타죽은 엄마 곁에서 아기들은 놀다가 와서 다시 엄마 옆에서 쉬고, 또 나갔다가 엄마 옆에서 쉬고, 엄마가 죽은 지도 모르고 엄마 곁에서 놀고먹는다. 엄마 까투리의 그림은 조각보처럼 조각조각 떨어져가며 마지막 순간까지도 아이들의 안식처가 되어주는 모습으로 아름답게 그려졌다.

어느 날은 아이들이 문어가 자기 다리를 먹는다며 충격을 받고 책을 들고 나에게 왔다. 문어 꼴뚜기류의 모성에 대해 나와 있던 학습만화였다. 문어가 알을 낳으면 암컷 문어는 다른 포식자들로부터 알을 보호하려고 그곳을 떠나지 않고 알을 닦아주고 보호하느라 동굴에서 6개월을 머문다고 한다. 알들이 부화할 무렵이 되면 문어는 먹이를 전혀 먹지 못해 몸이 반쪽이 되고 마지막 알이 부화할 때까지 돕다 죽는다. 그리고 그 문어를 먹으려 달려든 포식자에게 처참히 먹힌다. 삶의 4분의 1을 목숨 걸고 엄마로만 사는 것이다.

문어과 동물이 지구에서 가장 뇌가 크고 지능이 높으며 재빠른 무척추동물이라 모성애를 연구하기 위해 우리나라의 낙지로 연구도 하고 있다고 한다. 낙지와 문어의 행동은 사람과 많이 닮아있다고 하는데 뇌 속에는 사람처럼 행복감을 조절하는 신경전달물질인 세로토닌을 분비하는 유전자가 있기 때문이다.

이번에는 눈물이 아니고 화가 났다. 누가 가르쳐준 것도 아니고 왜 동물들도 엄마는 이런 모습이냐며 누가 이런 희생을 강요했느냐며 왜 이렇게 동물도 엄마라면 유전적으로 이렇게 만들어버려서 나라는 사람은 없어지고 자기가 타죽어도 아이만을 보호해야 한다는 생각을 하게 되어 버리느냐 말이다.

그런데 그 속에서 승무원 훈련 중 탈출 과정 시뮬레이션 훈련을 떠올렸다. 승무원은 승객에게 식사만 서비스하며, 웃는 직업이 아니다. 제일 첫 번째 임무는 승객의 안전업무이다. 비상사태 탈출 시의 매뉴얼을 숙지하고 언제나 이륙과 착륙 시 승무원 좌석에 앉으면 30초 리마인드(30초간 안전 업무절차를 떠올리는 과정) 헤아 하는 의무가 있는 승무원이었다.

숱하게 상상했다. 비상상황 시에 나는 어떻게 할 것인가. 나는 도망가고 싶다는 생각은 한 번도 들지 않았다. 이곳을 아는 사람은 나밖에 없다. 손님들을 안내해야 한다. 모두가 안전하게 탈출 할 수 있도록 도와야 한다. 그리고 마무리하고, 마지막 남은 사람이 있는지도 확인하고 탈출한다. 임무 완료! 교육 훈련의 힘과 반복의 힘은 아주 크다.

아시아나 사고에서 승객들을 무사히 대피시켰던 그 동료들을 너무나 대단하다고 생각한다. 하지만, 동료 중 누구라도 그랬을 것이라고도 생각했다. 유니폼을 입고 그 역할을 하는 사람들은 그러기 위해 거기에 있는 것이다. 너무나 당연하게 그 일을 위해 하는 것이다. 하지만, 유니폼을 입고, 훈련을 받은 사람만 사람들을 돕는 것은 아니다. 사실 보통 사람 누구나 그런 마음을 가지고 있다.

전철 선로에 떨어진 사람을 돕기 위해 사람들이 힘을 모았던 일이나 작고 크든 어려운 이웃을 위해 돕는 가슴이 따뜻한 뉴스들에 사람들의 마음이 움직이는 이유는 무엇일까? 우리 인간이 언어가 발달하면서 규정하고 구분 짓고 나누느라 서로 너무 분리되어 살다 보니, 살짝 잊어버렸던 것이지 모두의 마음속에는 타인을 도와주는 마음 서로 협력하는 마음이 크게 존재하고 있어 그런 이야기들에 마음이 함께 움직였던 것은 아니었을까?

인류가 살아남을 수 있었던 이유도 사회적 집단을 이루며 서로 협력한 덕분이듯이 관계가 중요한 인간의 세계에 태어난 아이들은 저절로 가족과 소통하고 싶어 하고 함께 어울리며 살아갈 준비를 이미 하고 태어난다.

실제 문어가 지키는 알은 그들의 삶에서 아주 처절할 만큼 긴 시간이지만, 그것의 목숨을 걸고 키워내는 시점이 인간과 다르다는 큰 차이가 있다. 그들은 삶의 마지막 4분의 1을 알을 돌본다. 후세를 남기고 죽기로 유전적으로 결정되어 있는 것이다. 그렇다면 또 궁금해진다. 동굴에 남겨진 모성애 강한 엄마 문어의 남편은 어디 갔을까? 어이없게도 아빠 문어는 교미가 끝나면 죽는다는 것이다. 사실 교미 후 남은 임무를 수행하기 위해 더 오래 살아남은 것은 엄마 문어였다. 인간의 삶이 종의 번식에 목적이 있지는 않아 너무나 다행이다. 아이를 낳는 것이 인생의 마지막이었다면 할머니로서 나는 더 잘 키웠을까? 자신이 없다.

인간의 생은 다르다. 아이를 낳고도 우리는 더 오래 키우며 더 건강하게 아이들이 자라 스스로 떠날 때까지 양육해야 한다. 단지 낳는 것만으로 임무가 끝나지 않는다. 어쩌면 인간의 아기가 혼자서는 자랄수 없는 것이 우리가 죽지 않는 감사한 이유가 되는 것이기도 하다.

엄마라면 누구라도 당연한 것일까? 당신의 모성은 어느 정도 인가? 목숨 걸고 아이를 지키는 엄마의 마음을 가지고 있는가? 아마 다 그렇지는 않을 것이다. 그 이유는 자신이 살아온 가정 환경, 혹은 엄마의 모습과 어느 정도 관련 있기 때문일 것이다. 나는 사실 아이들을 위해 모든 것을 바치는 희생적인 엄마 역할이 조금 익숙하게 느껴졌다.

아주 어릴 적 화상을 입었다. 뜨거운 물에 팔꿈치를 데었고, 나를 위해 정신없이 업고 뛰었던 나의 엄마를 너무나 생생히 기억하고 있다. 엄마는 울면서 맨발로 나를 업고 뛰었다고 했다. 그 등의 격한 울림이 지금도 내 속 어딘가 남아있다. 나는 나를 무슨 일이 있어도 지키려 달렸던 엄마를 피부로 기억하고 있어서일까? 사람마다 다르겠지만 내 핏속에는 아이들을 내 목숨보다 더 소중하게 키우고 싶다는 마음이 들어있는 것 같다.

내가《엄마 까투리》를 봤을 때 엄마 까투리가 내 모습이라는 것을 깨닫고 내 속에 이런 모성이 있는 것에 눈물이 났다. 나는 어떤 엄마의 모습으로 나의 아이에게 남겨지게 될까?

나는 나의 엄마가 혼자 행복하게 즐기면서 자신을 위해 돈 좀 팍팍

쓰시면 좋겠다고 늘 말씀드린다. 하지만, 엄마의 젊음을 바쳐 모아온 것을 우리에게 조금이라도 더 남겨, 자식들에게 어떻게든 경제적 지원을 해주고 싶어 하신다. 엄마는 인생에서 돈을 쓰고 싶어서 버는 것이 아니라 버는 자체에서 행복을 느낄 수밖에 없을 것이라 생각했다.

그런데 몇 년 전 그런 엄마가 척박한 시골 산을 혼자 일구어 꽃을 가꾸는 정원을 만들고 그곳에서 기쁨을 누리시며, 행복해하셨다. 엄마도 이제 엄마 자신이 가장 좋아하는 일에 푹 빠지셨고, 꽃과 나무와 채소들을 관리하느라 매 계절 엄청나게 바빠지셨다. 엄마가 바쁘셔도 즐거워하는 모습에 나도 행복해진다.

나는 엄마가 자연에서 나오는 완벽한 창조물인 꽃을 땅에서 키워내고 화병에 특별하게 창조해 내는 일을 한다는 것이 자랑스럽다.

엄마는 이제 자식을 위해 희생하는 나의 엄마로서만이 아니라 인생의 노년기에 땅의 자녀들을 키우며 대지의 생명을 창조하는 큰어머니의 역할을 또 해가며 기쁨을 느끼시는 것 같다.

모성이 내 아이만을 향해있다면 아주 좁은 사랑일 것이다. 조금 더 사랑을 확대하고 연결하고 그 힘을 키워낼 수 있다면 의미 있는 삶을 이어갈 수 있을 것 같다.

엄마 까투리의 마지막은 조각보 모양의 엄마가 점점 사라지며 풀잎 모양을 한 채 하늘로 넓게 퍼져 나가는 모습이었다. 세상으로 퍼져나가는 모성의 아름다운 힘이 나의 아이도 그리고 주변에 우리와 연결된 자연도 키우는 큰어머니의 힘으로 이어지기를 바란다.

어릴 때부터 나는 엄마와 언니가 서로 소통이 안 될 때 두 사람 사이의 다리가 되어주는 것이 기뻤다. 승무원이라는 일을 하는 동안에도 승객들이 즐거운 여행을 잘 떠날 수 있도록 도와주고 신입 승무원의 훈련을 돕는 교관으로도 일했다. 한국에 와서 처음으로 생활하는 일본 승무원들의 담임 교관을 맡는 기간은 그들의 엄마처럼 한밤중 아프다는 훈련생들의 보호자로 병원에 다니거나, 휴일에도 관광가이드처럼 나서곤 했지만, 즐겁기만 했다.

도와주는 역할로 태어났을지도 모른다는 생각을 했다. 이제 아이를 낳고 아이들이 사회에서 멋진 자기 역할을 할 수 있도록 돕고 남편이 좋은 사람들과 멋진 음악을 하며 행복한 음악을 사람들에게 들려주는 역할을 할 수 있게 도움을 주고 이제는 내가 다른 사람들을 위해서 도움을 주는 일을 더 하고 싶다.

사람들의 마음을 편하게 해주면서 내가 겪은 일들로부터 용기를 얻을 수 있게 말해주고 격려해주고 다정한 손 내밈을 통해서 스스로 일어서도록 돕는 역할 말이다.

엄마가 되어보니 엄마가 세상에서 제일 외로운 존재일지도 모른다는 생각에 안타까웠다. 가정주부라는 삶은 세상에서 가장 자신을 사랑하기 힘든 자리였다. 일하는 엄마는 그래도 반은 상을 받고 살고 있는데 주부는 아무것도 보상받는 느낌을 가질 수가 없어 깨지고 무너지고 작아지는 자신을 계속 발견하게 된다.

소모되는 자신을 보며 혼자 눈물을 흘리든지 쇼핑으로 풀든지 사람을 만나며 밖으로 계속 돌아다니는 삶을 선택해버리기 십상이었다.

자신에게 선물할 줄 모르는 엄마는 그랬다. 우울해질 확률이 누구보다 높아지고 우울감이 아이에게 영향을 끼칠 것은 불 보듯 뻔했다. 엄마의 정신건강이 가족에게 미치는 영향은 아주 크다.

결혼 후 출산과 육아로 탄력 없는 뱃살과 팔뚝살에 펑퍼짐한 원피스만 즐겨 입는 엄마들도 한때는 유행을 따라 세련된 구두를 골라 신던 풋풋하고 개성있는 싱글 아가씨들이었다. 혹시라도 주변에서 자기 관리 하라는 이야기를 하면 왜 힘든 엄마에게 또 이거저거 하라고 강요하냐며 화가 나 전혀 변화하고 싶지 않다고 대답하며 부정적 감정의 쳇바퀴는 반복된다.

그래서 변화의 결심과 행동은 자신이 해야 한다. 그 누구의 강요가 아니라, 내면에서 일어난 결심으로 내가 움직여야 한다. 그것은 처음에는 책으로 시작할 수도 있다. 자기계발 영상으로도 아주 좋다. 책읽는 습관은 좌뇌형 엄마라면 쉽게 해낼 수 있다.

그 과정에 글을 남기면서 우뇌의 상상력과 여유를 키워갈 수도 있다. 마음을 편안하게 해주는 글들부터 나에게 스며드는 글들부터 천천히 읽어나가기를 권해본다. 아무리 엉망인 책도 한 줄은 배울 점이 있다. 그것을 적어나가자. 그리고 마음에도 잊지 않도록 담아보자. 그러면 책은 천천히 1년, 2년 시간을 들여 자신을 일으켜 줄 수 있을 것이다.

그리고 내면의 소리를 더 생생히 듣게 될 것이다. 자신을 이해해주고 사랑해 주는 사람은 결국 자신이다. 그리고 다른 사람은 바꿀 수 없지만, 오직 나는 나를 스스로 바꿀 수 있다.

내가 변화하고 싶었을 때 아이들에게 좋은 책만 찾아다니던 내가 나를 위한 책을 더 챙겨 읽기 시작했다. 책을 읽고 아이들의 성장과 뇌 발달에 대한 정보를 알면 알수록 느리지만 아이들을 더 이해할 수 있어 좋았다.

책을 읽고 깨달은 것은 지금 우리가 아는 것보다 훨씬 많은 비밀이 우리 내부에 있고 우리는 그 비밀을 알아낼 잠재력도 무한히 가지고 있다는 희망이었다.

나는 한 인간의 시작에서부터의 피실험자이자 관찰자로서 과학자의 삶을 시작하게 되었다. 그리고 현실에서의 삶의 경험과 책에서의 지식의 융합을 통해 조금 더 나만의 지혜로운 움직임을 할 수 있는 내적인 에너지를 충전하게 되었다.

내 평범한 삶의 경험을 나 스스로 재해석한 이야기로 누군가에게 희망을 전달할 수 있도록 글을 쓰며 실행을 하고 있다. 부모가 되는 경험은 삶에서 나와 남편과 아이를 통합하는 경험이고 나의 뇌와 마음을 이해하고 더 용서하고 받아들이는 과정이 들어 있는 최고의 경험이라고 생각한다.

지금의 현재의 나의 가능성. 엄마로서의 가능성을 크게 펼쳐보자.

나는 '엄마 뇌 과학자'다. 실험실에서 연구하는 과학자만 발견해 내는 것이 아니다. 산업혁명도 일상적인 일을 하는 노동자의 손에서 증기기관이 만들어져 시작되었다. 학위와 학벌, 전공의 중요성이 떨어지는 정보사회에 살고 있다.

나는 현실에서 미래의 박사 노벨상 수상자, 인류에 기여할 예술가, 운동선수, 혹은 건축가일지 모르는 이 아이들을 보호하고 응원하고 힘을 주는 의미 있는 육아의 시기를 보내는 과학자이자, 현장 연구가이다. 남편을 지원하고 응원하고 모니터링하는 파트너로서의 나이며, 아이들을 돌보며 내 공부를 더 해가면 이 세상을 더 의미 있게 바꾸는 데 도움이 될 수 있다는 것을 믿는다. 나 자신의 지금이 상태보다 더 나은 삶을 향한 믿음과 목표를 가지면서 힘이 생겼다.

엄마는 가족 사이의 협력과 조화, 연결의 주 동력이다.

힘든 육아를 최고의 전문가 엄마로 살아낼 수 있는 기회로 내 삶의 환경을 재창조해보자.

　이제 앞으로의 모성은 조금 달라질 것이다. 희생의 대명사가 아니라, 함께 성장해 나가며, 엄마 자신의 사랑을 주변으로 크게 확대해 나가는 새로운 돌봄의 힘이 미래사회를 떠받혀 주는 모성의 힘이 될 것이다.

통제형 부모의
과잉육아

우리는 걸음마를 기다려 줄 수 있는 엄마였다. 정신없이 육아를 하다 보니 잠시 잊어버렸을 뿐.

카페에 나와 있는데 옆자리의 엄마가 아들을 공부시키고 있었다. 어느 학원인지 레벨테스트 예약하는 중에 이제 2학년이 된다며 전화통화 하는 것을 들었다. 문제집을 풀다 중간중간 질문하는 아이에게 덧셈을 모르냐고 정색하며 가르치는 것에 놀랐다. 정색하는 엄마의 표정을 몰래 훔쳐보았다. 나도 저렇게 정색하며 아이의 실수를 말하고, 아이에게 말할 때 큰 한숨을 쉬었을까?

나는 굳이 카페까지 와서 그렇게 아이하고 대화하다니 아니, 윽박지르다니 엄마는 자신을 전혀 보지 못하는 것 같았다. 몰랐을 거다. 다른 사람이 어떻게 볼지는 신경쓰지 않는 것 같았다. 카페에서 한시간 동안 아이의 목소리는 거의 들을수 없었다. 맛있는 와플을 앞에두고 아이는 계속 엄마에게 구박을 당했다. 나갈 때까지 칭찬 한번 못들었다. 아이한테 수학 학원 다니고 싶냐고 공부방 갈거냐고 묻는 엄마의 목소리에 힘이 점점 들어갔다.

나는 엄마표가 저렇게 잔인할 거라면 '얼른 엄마한테 학원 가고 싶다고 말해~'하고 속으로 중얼거리고 있었다. 다 못 먹은 와플 트레이를 들고 먼저 일어나는 엄마를 따라 아이는 가방을 챙겨 매고 고개 숙인 채 터벅터벅 걸어 나갔다.

엄마들은 아이를 위한다는 명목으로 정보를 열심히 수집한다. 학원을 기웃거리기도 하고 엄마표로 정성을 들이기도 하지만, 또한 얼마나 많은 숙제고문을 하고 많은 언어폭력을 저지르는지 자신을 잘 보지 못하게 된다.

경주마가 되어 달리니 앞만 보느라 자신을 볼 여유가 없기 때문이다. 앞쪽만 보게 만드는 가리개를 하고는 지나가는 경치 하나 즐길 수가 없다. 엄마처럼 아이도 앞만 보게 해야 한다. 공부에 전혀 관심이 없는 아이라서 더욱더, 친구 영향을 잘 받는 아이라면 더더욱 더 주변 경치는 아예 몰라야 한다고 남들보다 빨리 가장 치열한 곳으로 이사해 들어간다.

엄마와의 달콤한 데이트 시간이 될 줄 알았던 그 아이는 수학 때문에 와플 맛이 뚝 떨어졌다며 괜히 수학 문제집이 싫어질 것이다. 수학만 보면 덧셈도 모르냐는 엄마가 겹쳐 떠올라 점점 공부가 싫어지는 아이의 미래모습은 내 상상 이기만을 바란다.

나는 공부 때문에 아이들을 윽박지르거나 특정 대학을 못 가서 실망하는 부모가 되고 싶지 않다. 아이들의 선택을 존중해주고 진심으로 기뻐해 주고 위로해주는 지지자로 있고 싶다.

하지만 실제로 나는 자주 주변에서 불안감을 조성하는 말들에 흔들렸고, 그런 날은 어김없이, 통제형 부모의 모습을 보이며 아이를 조종하려 들기도 하고 '인에이블러(Enabler, 조장자)'엄마가 되기도 했다.

《나는 내가 좋은 엄마인 줄 알았습니다》(월북)의 앤절린 밀러는 초등 교사이자 상담심리 전공의 교육자로 교육에 있어 전문가이지만 이상적인 가족을 만들기 위해 자신이 노력해온 모든 것이 실제로 사랑하는 사람을 망쳐놓고 말았다는 고백을 책에서 하고 있다. 사랑한다면서 망치는 사람? 나는 한 엄마의 이야기가 담긴 책을 읽고 나와 닮은 면을 발견하고 손에서 책을 떨어뜨릴 뻔했다. '인에이블러'는 누군가 도와주고 있다고 생각하지만 실제로 자신에게 의존하게 하여 그들의 자율적인 삶의 과업을 수행하며 성장할 기회를 막는 사람이라는 섬뜩한 뜻을 가진 용어이다.

통제형 부모의 또 하나의 문제점은 아이에게 과잉육아를 한다는 것이다. 남을 챙겨줄 기회를 보살핌만 받으면서 자라나는 요즘 아이들은 각종 엄마표 과잉육아 때문에 충분히 해낼 수 있는 일을 못 하게 되어버렸다.

아이가 스스로 돌볼 수 있도록, 그리고 가족을 위해 집안일을 담당할 기회를 줬다. 막상 시켜보니, 제대로 못 해서 보는 내가 답답해 아이들의 일을 해버리기도 했다. 아이들은 당연히 미숙하다. 내가 처음 집밥을 했을 때 미숙했던 것처럼.

11세 아이가 46세가 될 때까지 35년간 추적 조사한 하버드의대 조지 베일런트 교수의 연구에 따르면 성인이 돼서 성공한 삶을 꾸린 아이들의 유일한 공통점은 바로 어려서부터 '집안일'을 경험했다는 것이다.

둘째를 낳고 두 살 터울의 어린애 둘을 키우던 나는 육아도 청소도 너무 힘들어서 청소를 도와주는 이모님이 필요했다. 그런데 이상하게 청소는 되는 것 같은데 정리가 전혀 안되는 것 같은 느낌이었다. 통안에 마구 담긴 장난감에 나는 심란해졌고 어디에 무엇이 있는지 더 힘들어져서 정리를 못한채 담는 상자들만 계속 늘어났다. 게다가 아이는 이모가 정리해 줄거라 치울 생각도 하지 않고 어질렀고 나조차도 청소를 미루는 게으른 습관이 점점 생겼다. 내가 그러다 보니 아이에게는 정리하라 잔소리를 하고싶지 않아 자유롭게 놀게만 했다.

그러다 둘째가 어느정도 자란후, 나는 이모님의 도움 없이 집을 정리하기로 했다. 그런데 아이에게 정리를 하자고 하니 너무나 힘들어 하는 것이었다. 유치원에서도 정리시간이 싫다는 것이었다.

아이가 배워야 하는 중요한 시기에 정리하는 엄마의 모습도 보여주지 못했고 함께 정리하는 습관도 만들어 주지 못했던 것이었다. 과잉육아의 문제가 드러난 것이었다.

집안일에 대한 또 다른 조사가 있다. 미국 미네소타 대학의 조사에 따르면 어릴 때부터 집안일을 해온 아이들은 통찰력, 책임감, 자신감이 높았다고 한다. 특히 3~4세에 집안일을 경험한 아이들은 10대 때 처음 집안일을 경험한 아이들보다 자립심과 책임감이 눈에 띄게 높았다고 한다.

나는 아차 하는 마음이 들었다. 아이를 더 놀게 해주는 것만이 좋은 교육이 아닌데 아이가 배워야 할 집안일의 가치를 몰랐던 것을 깨달았다.

걸음마도 정리도 공부도 잘 할 수 있을 때까지 기다려 주는 일이 부모로서 나에게 무척 힘든 일이었다. 답을 알려주는 게 얼마나 쉬운가? 그렇게 부모가 되는 일은 참고 기다리고 기회를 주면서 스스로 한걸음 걸음마를 뗄 수 있게 앞에서 위험한 것을 미리 치워두고 아이를 잡을 손 만 내밀고 기다려 주는 것임을 기억해 내면 된다. 걷기 전 안전하게 넘어지는 연습을 충분히 한 아이가 제일 잘 걷게 될 것이다.

남편은 글을 쓰고 나서 내가 더 에너지가 많아보인다며 집중이 필요할 때 육아를 도맡아 주겠다고 글쓰는 나를 지원해 준다. 아이들도 커가면서 많은 것을 혼자 할 수 있게 되었다. 열심히 자기 일을 하는 엄마의 모습에 아이들도 무엇이라도 돕고 싶은 마음을 표현해준다.

둘째는 요즘 스스로 자신의 가방 속 챙기지 못한 물건이 없나 나에게 물어보며 확인한다. 몇번 엄마가 필요한 것을 못 챙긴 적이 있어서 더 좋은 습관이 생기고 있는 것이다.

마냥 의지만 하지 않고 자신의 물건을 자기가 챙기지 않으면 나만 힘들 다는 것을 알게되면 내가 챙겨야지 하는 자발적인 마음이 생기게 될 것이다. 클수록 아이들에게 스스로 하는 기회를 더 많이 주는 것이다. 바쁜 엄마아래 자라면 어쩔 수 없이 그래야 하지만 전업주부의 아이들은 의존적이 되기 쉽다. 나도 모르게 인에이블러가 되어 아이의 성장을 막는 실수를 하지 않도록 아이가 자랄수록 일부러라도 모자란 엄마, 서툴러 보이는 엄마로 사는 것은 어떨까. 그럴수록 아이들은 엄마를 채워주려 자신의 할 일은 물론 엄마를 도와주려 할 것이다. 관계는 그렇게 신비한 균형을 맞추어 가게 될 것이다.

걸음마를 하는 아이를 격려하던 우리는 그때 사실 다 알고 있었다. 어떻게 부모가 되는지. 이미 그때 알았다가 다시 잊어버린 지혜를 기억해 내기만 하면 되었다. 해도 안 된다고 길을 잃고 도와달라고 말하지 않는 이상 중간에 끼어들면 아이의 인생을 해쳐갈 능력을 쌓는데 엄마가 최고의 방해꾼이 되는 것이다.

아무도 나에게 '이렇게 해라'하지 않았지만 내가 스스로 찾아내 실행한 것.

그것이 아이에게 가장 보람되는 일일 것이다.

설령 그것이 엄마의 비밀스러운 큰 그림 그대로 자랐더라도 아이는 모르는 상태로 자라는 게 하는 것이 좋을 것이다. 그것이 엄마와 아이의 행복한 성장을 위한 부모인생 최고의 인내심테스트일 것이다. 테스트에서 가장 높은 점수를 받을수록 아이의 성취는 부모와 아이 모두를 만족시키게 될 것임에 틀림없다.

나는 내가 지금 쓰는 글에 수많은 나의 오점들을 이야기 하고 있다 그래서 후에 보면 부끄러울 것을 알고 있다. 하지만 나의 현재의 마주하고 싶지 않은 면을 직면하고 글로 다 토해냈을 때, 그런 나와 스스로 결별 할 수 있게 되는 것을 믿으며 미래를 기대하고 있다.

앤절린 밀러의 책의 초판은 1988년이다. 자그만치 30년 전의 글을 보면서 다시 개정판의 서문을 쓰는 나이든 작가는 무슨 생각이 들었을까 그때의 상황은 바꿀 수 없었겠지만 지금의 그 작가는 어떻게 살고 있을까? 할머니가 되어있을 그녀의 현재 이야기가 또 궁금해진다. 인생을 오래 살아낸 작가의 현재 통찰을 살짝 또 훔쳐보고 싶은 마음이 든다.

2-21

완벽한 엄마의
비난

가르치려고 할 때 조심하지 않으면 그들의 내부에서 자연스럽게 펼쳐 나오는 창조성을 죽이는 방식으로 가르칠 수 있다는 것을 경험할 때가 있다.

큰아이를 키우면서 나는 너무나 기다렸던 아이라 소홀할 수가 없었다. 모든 것에 최선을 다하고 알아보고 정성을 들였다. 그러면서 우리만의 패턴이 생기고 내가 아이의 다음 상황이 예측가능 했을 때 나는 엄마로서의 보람을 느꼈고 나만의 능력이라고 생각이 들면서 점점 나만의 룰을 만들어갔다.

가끔 아빠가 도와서 육아를 하려고 해도 나의 법칙을 따르지 않으면 작은 것에도 거슬려 했다. 뭔가 원칙에서 벗어나면 아이가 울 수도 있고 불편한 상태에서 다른 일정도 문제가 생길까봐 모든 것에 완벽하게 딱 맞추어 준비된 상태를 원하게 되었다.

내가 오랫동안 회사에서 일하는 방식은 항상 열어두고 가능성을 받아들이고 누구든 실수를 할 수 있으며 그 모든 것에 자신만의 대처를 할 수 있도록 열어두는 방식의 비행을 해왔었다. 그렇게 했을 때 상대도 나도 문제가 가장 쉽게 해결이 되는 것을 경험으로 알고 있었다.

그런 나였는데 이상하게 애를 쓰며 키우는 아이의 문제에 대해서는 달라졌다. 나는 완벽한 비행을 바라는 매니저가 아니었다. 그렇게 사소한 것 사사건건 작은 매뉴얼에 연연하는 사람이 아니었는데 육아에 관해서는 비행에서 만나는 블랙매니저 저리가라 할 정도로 까다로운 사람이 되어있었던 것이다.

그렇게 해서는 함께 하는 승무원들이 불만을 느끼는 것은 물론이고, 일어날 필요도 없는 실수를 연발하며 온 비행이 여기저기 사건 사고가 터져 나오게 된다. 내가 후배로서 그런 매니저와 함께 일할 때의 안타까웠던 바로 그 느낌이었다.

팀워크는 그런 공포 분위기나 강압적인 리더십에서는 생겨나지 않는다. 감정노동을 하는 승무원들이 자신의 감정이 잘 조절이 되지 않은 상태에서 승객들과 동료들 사이에서 화산 터지기 직전의 불안 불안해하면서 외줄타기 하듯 비행이 진행된다.

침이 마르고 주눅이 들고 손님에게 신경 쓸 주의가 복도 끝에서 서비스를 감시하는 싸늘한 매니저의 눈빛에서, 커튼을 치고 갤리 속에 꼴찌로 카트를 들고 온 막내에게 쏟아지는 선후배의 한숨과 비난의 눈빛에서 막내가 맡은 손님들의 주문 사항은 날아가고 없다.

긴장된 상황에서 손님들을 위한 플러스알파의 배려 같은 것은 생각해 낼 정신이 없다. 그럴 새가 어디 있겠느냐 자신이 지금 재판대 위에서 온 시선을 받는 분위기에서는 도망갈 궁리를 할 생각뿐이거나 손님

탓을 하면서 누군가 자신이 아닌 사람을 비난하면서 상황을 더 복잡하게 만드는 것이다.

나는 남편을 그 막내 승무원의 상태로 만들었다.

24시간 아이를 낳고 붙어있으면서 완벽한 엄마로 거듭나기 연습에 몰입한 엄마는 아빠의 일거수일투족이 마음에 안 들고 아이를 돌보는 게 왜 1도 돕지 않냐며 나만 이렇게 힘들기냐며 비난하기 일쑤가 되어버리고 말았다.

말로 다 설명했는데 모르는 것이 이해가 안 되고, 말하기 전에는 왜 생각을 못 하냐며 트집을 잡았다. 내가 그러니 남편은 평상시 잘 할 수 있는 것에도 왠지 모르게 확신이 없어졌고 자꾸 더 나의 말이 이해가 안 되고 실수를 하게 되었다.

그렇게 아이를 낳고 두 사람이 처한 상황은 육아 문제로 자주 한 사람을 도망가게 하거나 상대를 비난하며 싸우게 만든다. 뇌 가장 안쪽에 있는 편도체가 내장된 원초적인 기관을 상징하는 '도마뱀의 뇌'에서 나오는 싸우거나 도망치거나 하는 투쟁도피반응(fight or flight response)이었다.

진화 심리학 이론에서 우리 뇌는 크게 3가지 층으로 진화되었다고 한다. 가장 안쪽에 위치한 본능과 생명의 뇌를 '파충류의 뇌'라고 하며 위기상황에 투쟁 도피반응을 담당한다. 그다음 층은 감정의 뇌라고 말하는 '포유류의 뇌'가 있다. 가운데에서 아래위로 정보 전달을 담당한다. 세 번째 층은 뇌의 가장 바깥쪽에 있는 '영장류, 인간의 뇌'는 이성의 뇌라고 부르며 논리적, 합리적으로 판단하고 계획, 학습, 기억을 담당한다. 세 가지 뇌의 부분은 서로 연결되어있지만, 별개의 뇌로 기능하기도 한다. 특히 스트레스 상황에서는 독립적으로 움직인다. 문제가 생길 때 영장류의 뇌에서 포유류 뇌로 그리고 파충류의 뇌로 뒷걸음질

치듯 상위 뇌에서 이루어질 판단이 하위 뇌에서 이루어진다고 한다. 파충류의 뇌 상태는 원초적으로 위험을 느낀 상태이다. 그 상태에서는 나머지 뇌는 멈추게 된다.

나는 종종 스트레스 상태일 때, 투쟁 도피 반응을 일으키는 파충류의 뇌로 변해 가족을 몰아붙이고 함께 도마뱀으로 만들어버렸다. 내가 그런 도마뱀으로 살면서 안정이 되지 않는다면 감정의 뇌도 논리적인 인간의 뇌도 자신의 능력을 펼치지 못하고 살 수밖에 없다. 누구라도 결혼을 하면 서로의 의견이 완벽하게 일치할 수는 없다. 받아들이는 노력을 통해 서로를 이해하며 상대를 비난하거나 구석으로 몰아세우지만 않는다면 어떤 문제도 해결할 수 있을 것이다.

아이를 키우는 것도 예술가의 창조작업으로 생각한다면 공장에서 불량률 100만 분의 일을 목표로 달려가는 듯이 완벽을 추구하면 안 된다. 결과에 크게 차이가 나지 않는 일에 공을 들이며 주변을 닦달하기보다는 언제나 예술은 실패도 포함하고 있고 그것도 과정의 하나라는 사실을 자꾸 되새기려고 노력했다.

부모는 완벽히 척척 돌아가는 대량생산 공장을 가동시키는 것이 아니라 각자 장점을 이용해 장인의 정신으로 함께 하나의 도자기를 빚어내는 예술가 엄마와 예술가 아빠가 되어야 한다.

나는 내 자리에서 바로 예술가가 될 기회가 있었음에도, 공장의 숙련된 기술자가 되었고 감독자가 되어, 나와 공동작품을 만들 예술가 동료의 자질을 인정하지 않은 채, 자신이 모르는 예술은 써먹을 가치가 없다고, 나만의 공장의 생산 방식을 주입시키기 시작한 것이었다.

그리고 그것이 아이를 교육할 때도 비슷하게 적용할 때 문제를 만들었다는 것을 깨닫게 되었다. 당신은 가족에게 어떤 방식으로 알고 있는 것을 나누는지 돌아보면 어떨까? 혹시 가족이 내 말을 들어주지 않는

다거나 도와줘도 마음에 안 든다며 불만이 많다면 혹시나 자신이 파충류의 뇌를 건드리며 도마뱀을 저 멀리 달아나게 만들고 있는 것은 아닐지 생각해보자.

육아 비상탈출 훈련
제1원칙: 나 먼저 구하라!

    승무원들은 안전훈련 중 탈출 관련이나 기내 화재 비상상황 등은 실제 일어날 수 있는 비정상적 상황에 대하여 역할극을 하듯이 몸으로 대처해서 연습하는 훈련을 입사 이후 주기적으로 계속 반복한다. 지필시험도 있지만 그것은 실전에서 행동으로 나오는 훈련하고 다르므로 비상상황 순간적 움직임을 버릇처럼 할 수 있게 만들려면 훈련과정에 많은 부분에 몸으로 움직이는 실습이 포함되어있다. 승무원들은 이런 상황훈련을 몇 개월을 하지만, 엄마가 되는 과정은 훈련 기간이 없다. 내 아이가 이렇게 떼를 쓰거나 엉엉 울거나 화를 내는 상황이 자주 발생하는 18개월 즈음의 엄마들은 패닉에 빠져 당황하게 된다. 그 순간은 아이들이 감정홍수에 빠진 상황과 마찬가지로 부모가 안전요원이 되었다고 생각하고 일단 구하고 보는 것이 순서다.

아이가 감정홍수에 빠진 순간 엄마는 자기가 의도하지 않은 급격한 화가 올라오는 등의 자동 반사적인 행동을 하지 않으려면 진짜 같은 응대 '훈련'이 필요하다. 책을 읽고 이해하는 수준에서 그친다면 그 책을 덮는 순간 다시 하던 대로 돌아가 자신의 말실수를 반복해서 후회하게 되기 마련이다.

육아에는 자주 감정홍수가 예상되므로 아이들을 키우는 부모는 그 감정홍수 비상상황에 미리 대비해두기도 해야 한다.

비행기에서는 어떤 대비를 할까? 비상 상황 대비 하기 위해 좌석 밑에 구명조끼가 있고 그것을 안내하는 영상으로 탑승객은 모두 교육을 받는다. 만약 바다 위 비상착수가 예상되면 미리 구명조끼를 꺼내 입고 물 위에서 하는 탈출에 스스로 대비해야 하여야 한다. 모두 각자 하나씩 자신을 보호할 장비를 착용하는 것이다.

비행기에서 감압이 발생해 산소마스크가 떨어지면 그 마스크를 아이 먼저 씌우는 것이 아니라 보호자가 먼저 착용 후 아이를 돌보도록 안내한다. 노약자 우선이 아니다. 자신을 먼저 챙겨야 한다. 이 기본법칙은 아이를 키우는 엄마들이 가장 놓치기 쉬운 원칙이 된다.

또한 승무원은 기내의 산소통 및 비상 장비의 위치를 알고 있다. 기종에 따라 다른 위치에 배치되어있고 출발 전 그 장비들이 제 위치에 배치돼 있는 것을 점검하는 것이 서비스아이템 정리보다 우선된다. 혹시 산소가 필요한 환자가 있으면 사용할 수도 있지만 주의사항은 꼭 일정량 남겨두어 승무원이 구조 시 사용할 만큼 남겨두어야 한다. 그리고 산소통도 원활한 구조활동을 위해 손님에게 뺏기지 않도록 등으로 가로질러 매도록 되어있다.

자신이 바로 선 상태에서 남을 돌보는 것이 기본이기 때문이다.

아이러니하게도 비상시에 손님이 우선이 아닌 것처럼 보이지만, 더 많은 승객을 구조하기 위해 누구보다 비행기에 대해 잘 알고, 탈출 훈련을 받은 한 명의 승무원의 생존이 중요하다.

부모가 되어서 나는 그때 교육받고 당연하게 생각했던 그 원칙을 잊었다. 아니 내 삶에도 같은 방식일 줄 몰랐다.

내 산소통을 내줄 정도로 아이가 소중하게 느껴졌고 내 마스크보다 아이 마스크가 먼저 눈에 들어오는 삶이 당연해졌다. 그래야 비로소 엄마가 된 줄 알았다.

평상시에는 다정하고 편안한 엄마로 지내다가 문제가 발생할 때 안전요원처럼 아이를 구해내는 엄마는 정말 멋지다. 하지만 자신을 먼저 생각하지 못해서 아이는 구하고 자신은 물에 빠져 죽거나 산소가 부족해 죽을 수 있는 위험을 무릅쓴, 희생이 기반이 된 엄마의 사랑이 미화되어서는 안 된다.

그러나 잊지 않아야 한다. 우리는 아이를 이끌어줄 안내자 구조자 안전요원보다 더 중요한 보호자이다.

안전교육훈련으로 2~30대 어린 여승무원들이 안전요원으로서의 투철한 마음가짐을 가지며 변화된다. '이 비행기는 내가 제일 잘 알고 있다. 이런 상황 발생 시 대처법은 내가 제일 잘 알고 있다.'그런 자신감 있는 마음가짐으로 매 비행기가 운항된다.

수없이 반복된 비정상 상황 대처 실습을 통과한 그 어린 소녀들은 일반인들이 생각하는 가녀린 아가씨와는 다른 사람으로 몇 개월 만에 변화된다. 여전히 치마 입은 다정한 모습의 그녀들이라도 탈출 시 안내하는 민첩한 행동과 강한 고함소리의 데시벨로 모두를 탈출시키려면 상황이 발생하자마자 몸이 저절로 움직이며 비상상황에서 자동적인 임무를 수행하게 되는 것이다.

그런 강인한 마인드를 가지고 행동으로 이어지는 훈련이 엄마 교육에 있어야 했는데 하고 생각했던 적이 있었다. 어른이 되는 것이 자동적으로 되는 것은 아니지만 부모 되기는 누군가 알려주면 좋았을 텐데 하고 말이다.

책으로 띄엄띄엄하는 교육이 아니라 실전에 내가 몸에 익혀 체화되도록 말이다. 감정홍수에 빠진 내 아이에게 그렇게 하면 안 되지 하고 좌뇌로 막 설명해 대다 더 갈등을 일으키는 엄마가 많다. 문제를 책으로 확인하고 뒤늦게 후회하기보다 이전에 아이의 우뇌로 접근해 말보다는 꼭 안아주며 함께 있어주는 연습을 내가 할 수 있도록 교육받았으면 얼마나 좋았을까. 앞으로는 더 질 높고 적극적인 부모 교육활동을 쉽게 접할 수 있도록 지원이 있었으면 한다.

나는 아이를 늦게 낳았으니 준비된 엄마라며 자신이 있었다. 그동안 출산이야기도 많이 들었고 책도 보아서 무통주사도 안 맞고 자연주의 출산 르봐이에르 분만으로 아이를 낳기로 했다. 아이를 일부러 울리거나 하지 않고 밝은 빛에 눈부시지 않게 어둡고 조용하고 편안한 출산을 기대했지만 현실은 엄청난 고통으로 인한 나의 비명소리로 조용한 출산은 아쉽게 불가능했다. 그렇지만 낳자마자 가슴 위에 올려진 처음 만난 아이에게 노래를 불러주며 행복하게 출산한 기억이 있다. 그런데 문제는 출산이 아니었다. 그 수많은 애엄마 친구들은 다 나에게 출산의 고통만 이야기해주고, 수유의 어려움과 고통은 아무도 알려주지 않았다. 나는 모유 수유를 하고 싶었지만 젖이 잘 안 나와 아이를 안고 미안해서 너무 울었다.

출산과 수유의 문제는 개인차가 크고 아이들도 같은 개월 수 아이더라도 발달과 성장의 시기가 다 다르다. 그래서 부모들은 책과 똑같이 아이를 키울 수 없어 힘들기도 하다.

특히 정보가 있어도 해당 시기가 아니면 부모는 무슨 말인지 이해가 되지 않고 코앞에 닥친 것을 해결하기도 바쁜경우가 많아 쌓인 육아 정보는 무용지물일 때도 많다.

결국 가장 중요한 기본만 기억하고 나중에 천천히 계속 배워가야 하는 것이 육아인 것이다.

기본은 이것이다. 육아는 산소마스크를 먼저 쓰듯 부모가 먼저 건강하게 바로 서야만 아이를 돌볼 수 있다는 것이 기본 원칙이라고 생각한다. 그 기본원칙을 마음에 담고 세상의 별만큼이나 다른 아이들 그리고 세상에 똑같은 부모는 없는 다른 환경 그리고 또래나 타인의 영향을 받기 쉬운 육아에서 정답을 찾으려고 하지 않는 것이 현명할 것이다.

엄마 마음 훈련을 반복하자

엄마들은 첫째에게 늘 미안하고 안쓰러운 마음을 갖는다. 엄마도 처음이라 서투른 과정에 아쉬움이 있기 때문이다. 게다가 둘째를 낳지 않으면 두 번째라는 기회조차 얻지 못한다.

미리 알고 대비하는 것으로 앞으로 겪을 다양한 상황에 대한 시뮬레이션을 할 수 있다. 바람직한 행동을 몸에 익혀 자동반사적으로 나오는 대응이더라도 아이와 부모를 위한 좋은 행동이라면 언제든지 후회하지 않고 자신을 믿고 행동할 수 있을 것이다. 훈련은 연약한 승무원도 기내 난동 승객을 제압해 수갑과 포승줄을 묶을 수 있는 기술을 연습으로 습득하게 만든다.

교육과 훈련은 조금 다르다. 무엇인가 새로 배워 알게 하는 지적이고 내적인 과정이 교육이라고 한다면 훈련은 알고 있는 지식을 내 것으로 몸으로 습득 체화하는 과정을 말하는 것이라 생각한다.

엄마들에게는 새로운 지식의 교육도 필요하지만 내가 알고 있는 것을 정확하게 바라보면서도 자신을 낮게 판단하거나 죄책감을 갖지 않도록 자신을 그대로 인정하는 습관을 만드는 마인드 훈련이 필요하다. 그 훈련을 통해 높아진 자존감으로 바로 서서 아이에게 현명한 길을 안내 할 수 있도록 자신의 내면훈련이 그 후에 지속적으로 이어져야 한다고 생각한다. 지혜는 훈련을 통해 그 현명함을 자녀에게 전해 줄 수 있도록 해야 할 것이다.

더는 다정한 서비스마인드만으로 자신보다 먼저 손님을 생각하는 마음을 가진 사람이 승무원이라고 생각하지 마라. 비상상황에도 승무원 자신이 정신을 똑바로 차릴 수 있어야 다른 손님을 응대하고 도와주고 구조해 낼 수 있다.

엄마도 마찬가지다.

이제는 다정하고 헌신적인 엄마의 돌봄 마인드가 있는 것만으로 그 자체로 현명한 엄마라고 생각하지 마라. 엄마 자신이 자신을 바로 보고 알아야 아이를 독립적인 소중한 존재로 조화로운 인재로 키워 낼 수 있게 될 것이다.

자장가 메들리 육아

 첫아이를 낳고 허둥지둥 아이를 돌보던 나에게 어머님은 남편의 어린 시절이야기를 해주셨다. 늦둥이로 태어난 아이인 데다가 지금의 얼굴과 달리 여자아이 같은 생김에 귀여움을 독차지했다는 옛날의 추억을 이야기하시며 미소가 가득하셨다. 그런데 10살 많은 연년생 형 두 명을 함께 키우시느라 바쁘신 가운데 아이가 말할 때가 꽤 지났는데도 안 하는 것이 걱정되어 소아과에 다녀오신 이야기를 해주셨다. 의사 선생님께 여쭈어보니 아이의 얼굴을 보고 입을 크게 하며 노래를 불러주라고 했다는 것이었다.

 그때부터 어머니는 가사 있는 노래를 수시로 불러주시기 시작했다고 말씀하셨다. 산토끼에서부터 애국가까지 이런저런 노래를 수없이 불러주셨다고 한다. 그렇게 어머니와 마주 보며, 많은 노래를 듣고 나서 무사히 말을 하게 된 남편은 어머님의 노래 덕분에 음악 일까지 하게 된 것일지도 모른다는 생각이 들었다. 남편은 나중에 이 이야기를 나에게 전해 듣고 그런 일이 있었는지 전혀 몰랐다고 하였지만 순간 어머니가 부르시던 노래를 기억에 떠올리는 듯 따뜻한 추억에 머물다 어머니와 전화 통화를 하러 갔다.

어머님 말씀을 듣고 나도 아이들을 위해 노래를 불러 준 적이 많았다. 나는 첫째가 어린 시절 업고 재울 때마다 꺼내는 비장의 무기가 있었다. 낮잠 타임쯤에 시디를 틀어놓고, 포대기로 한 바퀴 돌면 2번째 곡 중간쯤 되면 바로 곯아떨어지는 비장의 무기 신통방통 클래식 '자장가 시디'가 있었다. 그렇지만 밤에 아이를 재울 때는 토닥토닥하며 자장가를 부를 때가 많았다. 자장가는 전통적인 자장자장 노래부터 시작해서 어린 시절 배웠던 온갖 동요들이 떠올라 메들리로 불렀다.

초등학생 때 언니와 특별활동시간 합창단에서 노래하는 것을 좋아했던 나는 엄마가 일하시고 회사에서 돌아오면 언니와 그날 배웠던 노래를 화음을 넣어서 불러드리는 시간이 너무 행복했다. 한 곡 한 곡들에 나의 엄마의 피곤했던 표정이 언니와 나의 노랫소리에 기쁜 표정으로 바뀌며 우리를 안아주셨던 시간의 추억이 그 동요들 속에 들어있었다. 기억 저편 오래된 동요를 내 머릿속에서 꺼낼 때마다 눈물이 날 만큼 혼자 감동하곤 했다. 그때의 나처럼 순수한 마음으로 노래 부르는 시간이 즐거웠다. 잠이 안 온다는 아이들과 불을 끈 방에 나란히 누워 끝도 없는 동요메들리를 들려주다 보면 아이들은 어느새 말똥이던 눈이 스르르 감겨있고 나는 부르던 노래를 멈추고 고요한 추억 속에 잠겨 잠이 들었다.

엄마의 자장가 동요를 듣고 자란 딸이 학교에서 어느 날 배운 동요가 왠지 익숙하다며 집에 와서 나에게 불러주었다. 나는 아이가 너무 귀여

위 웃고 있었다. 즐겨 부르던 자장가 서너 곡은 아이들도 따라 부르는 아는 노래가 되었지만 곧 잠이 드는 바람에 10곡 너머 계속 들려주던 다른 노래들은 무의식중에만 남아 그 곡이 자장가 메들리 중 하나였던 것을 전혀 몰랐던 것이었다.

"내가 왜 이 노래를 이렇게 잘 알고 좋았는지 이제 알았네~"하고 웃는 딸아이의 모습은 자고 있는 순간에도 우리 주변의 모든 메시지가 우리몸과 뇌 우리 뇌 어딘가 지워지지 않고 아이의 마음을 따뜻하게 채워주고 있음을 실감하는 순간이었다.

첫아이가 태어나기 전에 한동안 공연을 못 볼 것이 너무 아쉬웠다. 그렇지만 분명히 눈물을 쏟을 것 같아 이소라 콘서트를 함께 가자는 남편의 제안에 살짝 망설이다 함께 보러 갔었다. 공연장의 연주와 큰 음악에 아이의 태동이 엄청났던 것을 기억한다. 나는 그러지 않으려고 했지만 음악에 마음이 울려 역시 눈물을 쏟고 말았었고 그 탓이었을까 딸아이는 아주 어릴 때부터 음악에 반응이 남달랐으며 시디의 동화를 처음부터 끝까지 듣느라 스피커 근처를 떠나지 못할 때도 많았다. 어떤 동화는 배경음악이 너무 슬프다고 엉엉 울면서 더 듣지 못하고 꺼달라고 부탁하기도 했을 정도로 유아기에도 섬세한 감성을 가지고 자랐다.

자장가도 배 속에서부터 들었던 음악 소리들도 모두 한 아이의 머릿속에 어떤 형태로든 기억으로 남아 새로 받아들이는 정보와 함께 아이는 커가고 있다.

지금도 부모의 말 한마디 노래 한 곡이 아이의 뇌 속에 기억을 만들고 그것이 아이의 과거와 현재와 미래로 이어지는 아이만의 개성이라는 이름의 거대 뇌 회로를 건설하는 중인 것을 부모라면 잊지 말아야 할 것이다.

오늘날 뇌과학에서는 기억에 대한 연구도 활발하다. 범죄 현장이 잘 기억나지 않는 목격자에게 최면을 거는 법 최면 수사를 통해 단서를 얻기도 하는 등 기억으로 범인을 잡기도 한다. 그렇다면 우리는 얼마나 오래전 기억을 가지고 있는 것일까? 태어나기 전의 아기의 기억은 어떨까?

이케가야 유지가 쓴《세상에서 가장 재미있는 63가지 심리실험》(사람과 나무사이)에서 재밌는 실험이 나온다. 스웨덴 헬싱키대학교 파타넨 교수의 연구에서는 임신 후기에 <반짝반짝 작은별> 노래를 일주일에 다섯번 반복해 들려준 후 생후 4개월된 아이의 뇌파에 신기하게도 그 노래에서만 유의미한 반응을 보였다고 한다. 태아 시기에도 들을 수 있는 것은 물론이고 그것을 기억 속에 특별하게 담아둔다는 것이다. 아이는 우리가 생각하는 것보다 훨씬 더 많은 것을 이미 알고 태어난다. 그리고 계속적으로 주어지는 환경에 뇌가 반응하며 자신을 만들어가는 것이다. 내가 좋아하는 환경은 어쩌면 나의 엄마가 좋아했던 환경이었을지 모른다. 아이를 위해 자연을 최대한 가까이하는 가족의 자연스러운 삶의 기억을 아이는 다 잊어버린 듯하지만, 상상할 수 없을 만큼 오래된 뇌의 흔적이 아이의 뇌 어딘가 남겨질 것이다. 지금 나는 어떤 환경을 선택하여 접하게 하고 있는가? 지금의 모습이 내 아이 미래의 환경일 것이다.

CHAPTER 3

우뇌형
작곡가 아빠의
육아

'음악은 놀이'가
삶의 모토

공부 잘하는 집안의 대들보 큰아들이 기타를 잡았다. 아버지는 기타를 부쉈다. 얼마 지나지 않아 키 크고 잘생긴 둘째 아들이 그룹사운드를 한다고 기타를 잡았다. 아버지는 다시 기타를 부쉈다. 10년 뒤 늦둥이로 태어난 막둥이가 또 기타를 잡았다. 이번에 아버지는 고교생 막내아들의 밴드공연에 갑자기 나타나셔서 밥은 먹고 하는 거냐며 친구들에게 저녁을 사주시곤 말없이 가셨고 아들의 가슴에는 뜨거운 눈물이 흘렀다. 그 이후 유재하 음악경연대회 대상 수상을 계기로 음악하는 것을 당당히 허락받아 더 이상 집에 기타가 부서지는 일은 없게 되었다.

남편에게 들은 스토리였다. 그런데 글을 쓰느라 아주버님께 직접 물어보니 사실과 달랐다. 큰형이 대학에 장학금을 받고 입학하게 되어 아버님이 오히려 기타를 직접 사주셨다는 것이었다. 그때부터 큰형은 홍대 '뚜라미'라는 음악동아리 활동을 본격적으로 하게 되면서. 남편은 어릴 때부터 형들이 기타를 가까이하는 분위기에서 자랐던 것이었다.

음악을 하고 싶지만 가족의 반대로 꿈을 펼치지 못하는 아이들이 너무 많이 있다. 과거 남편은 음악을 하고 싶어 실용음악과로 전공을 하고 싶었는데 서울예대를 반대하신 부모님의 말씀과 미래에는 컴퓨터로 음악을 만들 거라며 설득한 큰형의 이야기에 설득당해, 컴퓨터 계통의 전공을 하게 되었다고 했다. 너무나 좋아하는 것이 있는데도 그것을 전공으로 못한 것을 후회하는 사람이 많다. 그러나 진정으로 좋아한다면 전공을 하지 않는 것이 더 오래 그 열정을 유지하는 길인지도 모른다.

학교에서 전공으로 음악을 배울 때 겪는 아이러니한 상황이 있다. 너무 좋아하는 음악인데 오히려 선생님의 가르치는 방식의 문제나 혹은 강압적인 연습 또는 교수의 선호에 따른 주관적인 평가 때문에 상처입고 음악을 포기하고 싶어 하거나 이전의 열정을 잃어버린 학생들의 경우도 있다.

창조성이 발휘되어야 하는 우뇌 영역인 작곡에 계속적인 무리한 과제와 훈련, 경쟁자들 사이의 평가까지 진행된다면 스트레스에 취약한 우뇌는 금방 망가져서 힘을 못 쓰게 될 것이다. 물론 연습과 훈련만큼 음악에 중요한 것도 없다. 하지만 하루 이틀이 아니라 평생을 즐겁게 할 음악을 이어가는 마음가짐은 그 동력은 절대 누군가 강제로 하게 하면 안 된다는 것이다.

그래서 억지로 배우지 않은 남편의 음악은 행복하다. 선생님이 시켜서 공부하듯 만들어낸 억지로 만든 숙제용 음악은 만들어 본적도 없다. 음악은 놀이라며 그 마음 그대로 프로의 세계에서도 놀이처럼 음악으로 재미있게 일하고 있다고 했다. 자신이 가장 좋아하는 일이 직업이 된 사람. 우리가 아이들에게 권하고 싶은 미래의 모습이다.

3-2

예술가의
아내라면?

남편과 처음 손을 잡았던 날이었다.

삼청동에서 저녁을 먹고 북악스카이웨이를 넘어가던 중 높은 언덕 사이 길에서 안경 너머 오른쪽 눈이 예쁜 남자가 갑자기 차를 세우고는 내리자고 했다. 그곳은 서울이 내려다보이는 주택가 한 골목길이었다. 멋진 집들이 깜깜한 밤에 불빛으로 반짝였다. 달동네인지 고급주택가 인지 모를 곳에 잠시 내려 계단에 앉았다. 우리는 한동안 반짝이는 집들을 내려다보았다.

그는 들어보라고 했다. 무슨 소리가 나냐며 물었다. 나는 조용한 밤에 무슨 소리를 들으라고 하나 했지만, 진지한 그의 모습에 귀를 기울여 가만히 들었다. 늦여름 밤에 찌르르 목청 높여 울던 풀벌레 소리. 샤라락, 샤라락 나뭇잎들이 초가을이 오는 바람에 흔들리던 소리. 가끔씩

부웅 지나가던 자동차 소리들

8월 말이지만 느껴졌던 가을의 서늘한 바람에 나는 갑자기 추워져 몸을 움츠렸다. 그는 반팔 위에 입고 있던 셔츠를 벗어주었고 인도에서 샀던 러그를 차에서 얼른 가져와서 계단에 깔아주었다. 나는 인도 여행 이야기로 나를 끌어당겼던 이 남자의 이야기에 귀를 쫑긋 세우고 있었다.

그러다 우리들의 이야기가 멈추었을 그때쯤 처음으로 바람의 노래를 들었다. 묘하게 불규칙하면서도 기대하게 되는 다음번 풀벌레 소리를 그렇게 오랫동안 듣고 앉아있었던 적은 없었다. 달빛 그림자와 노란 가로등의 빛이 섞여 우리가 앉은 계단은 무대 위의 조명같이 서로를 빛나게 해주었다. 우리는 러그에 앉아 손을 꼭 잡고 있었다. 곧 반짝반짝 내려다보이는 집들은 별들이 되었고 눈으로 보지 않고 귀를 열어야 감상할 수 있는 그 비밀 연주자들의 합주는 그의 지휘에 맞춰 완벽한 평화의 오케스트라 소리를 창조했다. 나의 눈이 아니라 귀로 만나는 세상을 접하게 된 것은 그때부터였다.

완벽한 자연의 음악이 존재한 것을 경험한 후부터 음악은 가르쳐 주는 것이 아니라 스스로 보고 듣고 경험하는 것이라는 것을 그로부터 배웠다.

내 생일이기도 했던 그 날 나는 집에 돌아와서 앞으로 분명히 오래 기억하게 될 그날의 순간을 일기로 쓰고 내가 본 장면을 일기장에 그림으로 남겨두었다.

우리가 처음 손잡았던 그날의 조명과 소리들이 노래로 만들어져 성시경의 앨범에 <그대와 춤을>이란 제목으로 실렸다. 결혼할 무렵에 남편이 만들었던 달콤한 노래를 들으며 나는 샤갈의 <생일> 이 떠올랐다.

그림이 그려졌던 그날은 벨라가 샤갈의 생일을 위해 들판의 꽃을 따고 자신의 스카프와 심지어 화려한 침대 커버까지 벗겨 팬케이크와 그가 좋아하는 음식을 보따리처럼 싸들고 샤갈의 집에 달려갔던 날이었다. 자신의 생일을 잊고 있던 샤갈이 기뻐하며 그녀에게 움직이지 말라고 해서 그녀는 꽃을 어디 둘지 몰라 손에 들고 캔버스 속의 색채의 소용돌이 속으로 날아오르게 되었다. 그녀와 샤갈 자신도 날아올라 몸을 길게 늘어뜨리고 떠다니는 채로 귀에 키스했다. 그림에 감격한 벨라가 그림의 제목을 생일로 지었고 그들은 열흘 뒤 결혼했고 청혼의 의미와 결혼을 기념하는 걸작으로 남겨졌다.

제1차 세계대전이 한창이던 러시아에서 감시의 대상이었던 유대인 두 사람이 암울했던 시대에 이런 화려한 색채로 그림을 그려낼 수 있었던 것은 아내 벨라의 사랑 때문이었다고 한다.

단지 화가만 사랑을 그림으로 표현할 수 있는 것은 아니다 우리 모두 그 사랑의 행복한 느낌을 알고 삶에서 그 순간을 기억하려고 한다. 나는 비록 남편에게 작곡에 영감을 주는 뮤즈 같은 배우자가 되어주지 못하고 아이들을 쫓아다니는 평범한 아줌마로 살고 있지만, 서로 나누는 대화로도 아니면 좋아하는 저녁 식탁을 준비하는 소박한 일상으로도 영감을 줄 수 있다고 생각한다. 들꽃과 이삿짐처럼 들고나온 듯 알록달록 보따리를 안고 다리를 건너 달려온 아가씨를 보고 사랑이 차올라 샤갈의 작품이 완성되듯이 일상의 작은 일들에 우리는 서로에게 행복한 추억을 남길 수 있다. 꼭 그림이나, 노래로 결과물을 남기는데 집착하지 않아도 아이들의 마음 속에 따뜻한 방바닥에서 가족이 옹기종기 붙어 앉아 귤을 까먹는 사소한 순간이 행복한 기억이 되는 것처럼 그 일상의 장면들은 아이들의 뇌 속에 안정감을 주어 무언가 창조해내고 싶은 열정을 불러 일으키게 된다. 집안의 환경을 창조하는 예술가 아내의 감각. 벨라의 스카프와 알록달록 침대보가 샤갈의 그림에 그대로 표현되듯이 미래의 우리 아이들이 커서 만들어낼 예술 작품 속에 나의 반찬이 그려진다면 어떨까? 너무 엉뚱한가?

실제로 내가 신뢰하는 육아 멘토인 셋째 늦둥이맘 언니의 미대 출신 첫째 딸이 재미로 만든 웹툰은 반응이 너무 좋아 현재 웹툰 작가로 성장해 주목을 받고 있다. 독립해서 혼밥하는 여주인공이 엄마의 밥을 그리워하는 내용이 담긴 딸의 섬세한 음식 그림과 관련 스토리는 경험이 없으면 그릴 수도 쓸 수도 없을 작품이었다. 평소에 언니에게 첫째를 어떻게 키웠냐고 비결을 물었던 적이 있었다. 언니는 특별히 해준 것이 없다며 그냥 밥만 해줬을 뿐이라고 하는 것이었다. 둘째 아들은 음악을 하고 있다. 나는 나의 첫째 딸과 동갑인 언니의 늦둥이 셋째 딸의 미래가 너무나 궁금하다. 스스로 가장 좋아하는 일을 찾아 행복하게 몰입하고 있는 아이들이 성장하는 곳, 그곳에선 일부러 예술적 영감을 주려 누군가 노력하지 않아도 된다. 밥과 평범한 환경에 담긴 엄마의 사랑. 기다림과 마음속의 응원에 아이도 남편도 예술가로 성장한다. '예술가를 만드는 예술'을 하는 엄마는 어쩌면 고도의 예술적 에너지가 있는 것일지도 모른다.

자 그렇다면 예술가님들을 위해 일단 밥을 하러 가야 하나??

3-3

웃겨서 결혼했어요 개그맨 아빠

한창 수수께끼에 빠져있던 첫째가 오늘도 식탁에서 퀴즈를 냈다.

공자, 맹자, 순자, 노자, 장자보다 훌륭한 스승은?

매번 난센스 퀴즈라 머리를 굴려야 하는 것을 알면서도 진지한 엄마는 뭔가 ~자로 끝나는 동양의 스승이 있나 한 번 더 생각해 보는 가운데 수수께끼 책을 하도 봐서 외워버린 둘째가 "정답!!" 하고 외친다.

'웃자'

그러자 온 가족이 밥상이 떠나가라 한참을 크게 웃으며 웃자~~ 를 외쳤다. 웃음, 유머, 재미 아이들은 재미있는 것은 기가 막히게 외워서 함께 하려고 한다.

"나는 당신이 웃겨서 결혼했어요"라고 농담처럼 남편에게 말하지만 유머 감각 있는 남자는 아빠가 되었을 때 진가를 발휘한다. 어릴 때는 우스꽝스러운 모습에 그저 웃기만 하던 아이들이 커가면서 아빠를 닮아 재미있는 이야기를 발견하면 그 자리에서 외워두었다가 함께 식사할 때면 재밌다고 깔깔 손뼉 치는 엄마를 보고 싶어 서로 이야기를 들려준다. 평생 웃으면서 살 수 있다면? 당신은 행복한 삶을 살았다고 기억할 수 있을 것이다.

시간이 갈수록 사람들은 돈과 명예 물질적인 소유에 집착하지만 그것은 행복해지려고 하는 목표에 이르기 위해 발버둥 치는 과정이었다.

그러나 그런 발버둥보다 단지 웃는 순간, 내가 너무 즐거워 하하하 신나게 박장대소하면 온몸으로 퍼지는 엔도르핀(endorphin)을 느끼는 그때 찾아오는 것이 행복이다.

몸 안에서 나오는(endogenous) 모르핀(morphine)이라는 뜻이 엔도르핀이니 우리 몸에서도 마약을 만들어내는 것과 같은 것이다. 웃음은 면역체계를 강화하고 심혈관 시스템에 도움을 주고 진통 효과도 있다는 연구들을 보면 평생 약을 먹지 않고도 웃어서 엔도르핀만 만들어낸다면 우리는 건강하고 행복한 삶을 지속할 수 있다는 말이다.

승무원들의 신입 기본교육을 담당했을 때 제일 먼저 시작되는 교육은 이미지메이킹 교육이다. 그 시작은 미소 수업이며 웃음의 과학을 접하게 된다. 승무원들은 미소로 손님을 위한 서비스를 시작하지만 그것이 사실은 내 인생을 건강하게 해주는 것이라는 웃음의 효과에 대해서도 교육이 진행된다. 실제로 웃음의 정신적 신체적 효과는 널리 알려졌지만, 승무원만큼 그 효과를 경험하는 사람도 많이 없을 것이다.

남편과 부부싸움을 하고 나온 승무원 엄마가 신나게 웃으면서 일하고 돌아와 싸운 것을 싹 잊어버리고 그날 저녁에 남편을 보고 모르고 웃었다고 하는 승무원들의 일화는 늘 상 있는 일이다. 실제로 나는 시종일관 웃어야 하는 직업에 처음에는 힘들어서 이것이 감정 노동의 고통인가 하고 투덜거렸지만 곧 알게 되었다.

그 하루하루의 내 미소에 내 얼굴 근육이 변하고 내 뇌가 변화해서 긍정적인 나로 만들어 갔다는 것을 알았다. 그것은 노동이 아니라 나에게는 선물이었다. 어떤 상황에도 내가 움직여 행복을 만들 수 있다는 것을 알게 한 몸과 마음의 근육운동이었다.

그리고 그런 사람을 만나고 싶었다. 나와 함께 웃을 수 있는 사람을 찾았다. 남편을 처음 만난 이후 나는 어떤 사람인지 궁금해 그의 라디오 방송을 찾아 듣게 되었다. '라디오계의 수도꼭지'라는 별명이 있을 정도였던 그 사람은 라디오가 사람들에게 사랑받았을 시절에 게스트로 여러 방송에 목소리가 흘러나왔다.

이야기를 듣고 서로 받아치며 함께 와하하 웃는 유쾌한 농담들, 순간적인 재치와 반응, 상대가 무안하지 않게 서로의 이야기에 재미있는 대답을 멈춤 없이 이어가야 하는 라디오에서의 그 남자의 목소리에 그때부터 나는 호감이 가기 시작했다.

평소 남편은 재미있어서 음악을 한다고 했다. 자신처럼 재미있어서 하는 일이 자신의 직업이 될 수 있게 아이들을 키웠으면 좋겠다고 했다. 정말 멋진 아빠였다. 재미있기만 하면 된다니 우리 아이들은 진짜 멋진 운을 타고난 것이다. 엄마는 조금 달라서 완전히 마음대로는 안되겠지만 말이다. 하지만 사실 나도 '재미'에 대해 남편만큼 큰 가치를 가지고 있다.

몇 년 전 아이들과 함께 한국 비폭력대화(Non Violent Communication : NVC)에서 개최한 '비폭력대화 2박 3일 캠프'를 참가했다. 프로그램 중 자신에게 중요한 가치를 찾는 시간이 있었다. 우리 부부의 선택 중 공통적인 것이 몇 개 있었는데 그중 하나를 뽑았더니 '재미'였다. 다른 부부들과 함께 나누는 시간에 들어보니 그 좋은 가치 목록 중에 '재미'를 일순위로 뽑은 부부는 우리밖에 없었다.

도박은 물론이거니와 그 흔한 모바일게임도 안 하는 우리는 하루살이 쾌락적 재미에 목을 매는 사람 쪽은 아니다. 삶에서 가치로서의 '재미'는 우리에게 '의미 있는 재미'로 (나를 위한 재미)+(의미 있는 재미)로 가족이나 타인에게도 나눌 수 있는 재미를 남편과 나 둘 다 중요가치로 뽑은 것이다.

외로운 사람들이 많다. 타인에게 기대어 상대가 나를 사랑해주기를 바라는 사랑. 그런 사랑은 이기적으로 느껴진다. 진정한 사랑이 아니라 내가 무언가를 받기 위해서 해주는 사랑 나는 그런 남녀 간의 사랑은 피하고 싶었다. 홀로 있을 때도 외롭지 않고 충분히 혼자도 재미있고 함께 있을 때는 더욱더 즐거울 수 있는 사랑은 건강하다.

재미있는 사람. 이야기를 즐겁게 이어가는 사람. 몸으로도 잘 웃기지만 말투나 그 외의 웃음소리마저 함께 웃고 싶은 사람 나는 그런 사람을 찾아 행복했다.

삶에서의 재미를 만들어 내는 능력이 있는 사람.

그 사람과 함께 아이들을 키우니 아이들도 웃는 것에 목숨을 건다. 아이가 어렸을 땐 남편이 재밌다고 하는 이야기에 아이들은 유머를 이해하지 못했다. 자기를 놀리는 줄 알고 첫째를 엉엉 울리던 아빠였지만 가면 갈수록 그 개그코드에 아이들이 중독되어갔다.

나는 내가 웃길 재주는 없다. 열심히 웃어줄 수 있는 엄마다. 웃기는 아빠가 옆에 있으면 평생 웃기만 하고 손뼉 치고 응원하고 호응해줄 수 있는 사람으로 살 수 있다.

그렇게 살다가 마지막의 내 인생을 돌아 볼때 웃었던 내 주름에 행복할 것 같다. 내 인생이 웃는 웃음소리로 채워진 마지막을 상상해본다. 그 끝의 시간도 함께 인생의 의미를 웃음으로 웃어넘기고 함께 손잡고 웃을 노부부의 그림을 그려본다. 그 모습을 보고 행복한 부모의 마지막을 보내줄 다 자란 아이들의 미소도 그려본다, 인생의 마지막에 우리가 많이 웃으면서 살아왔다고 정말 잘 살았다고 이것이 우리가 가진 부의 전부라고 이야기하는 시간을 그려본다.

오늘 하루 또 와하하하 웃음으로 거실 천장까지 채우는 소리로 마무리할 것이다.

3-4

몰입으로
끝까지 파고들기

　남편은 음악을 만들기 위해서 어떤 주제 하나에 몰입해서 그것에 푹 빠져 시간이 가는지도 모르게 작업하는 경우가 많다. 그래서 자신의 경험을 토대로 아이들도 시간 가는 줄 모르게 빠져드는 몰입의 경험을 시켜주고 싶어 했다.

　남편은 악기 연주를 누가 시켜서가 아니라 스스로 하고 싶어서 빠져들어 기타를 계속 치게 되었는데 형들의 응원이나 주변의 긍정적 피드백에 더 즐겁게 몰입할 수 있었을 것이다.

　우리도 아이들의 모든 행동에 즐거운 관람자가 될 준비가 되어있다.

　하지만 금방 관심이 다른 데로 옮겨가는 아이들의 행동에 가끔 내 아이는 왜 이렇게 집중력이 없나 실망하는 부모도 있을지도 모른다. 하지만 그것도 아이들이 좋아하는 주제가 나타나면 달라진다. 그런데 그것이 부모가 설사 원하지 않는 만화캐릭터 같은 것이라 해도 아이들은 좋아하는 것에는 놀라운 집중력을 보이면서 무섭게 몰입하는 경우를 분명 보았을 것이다.

좋아하는 주제에 몰입하기는 쉽지만, 해야 하는 과제에 몰입하기는 힘들다. 실제 몰입은 이런 부분에서 발휘되는 것이 가능하면 삶의 많은 부분에서 도움이 된다. 하지만 성인과 다르게 아이들을 위해서라면 좋아하는 주제부터 시작하는 것이 바람직할 것이다.

아빠의 몰입 유도 필살기는 역시 재미를 이용한 몰입이다.

나는 억지로 아이들의 공부를 시키는 스타일은 아니다. 그러나 유아 아동기에는 즐거웠지만, 초등 입학 후에는 이 정도는 해야 하지 않을까? 라는 압박을 아이에게 주었는지 종종 삐걱거리기도 했다.

연습이 충분히 되지 않으면 실수를 하게 되니 연산 문제집이라도 풀게 해야 하나? 하며 결국, 좌뇌의 불길한 예감의 목소리에 굴복 된 나는 아이에게 쉬운 문제집을 신나게 푸는 아이로 내가 만들겠다고 자신하며 내밀었다.

그러나 단순한 것을 반복하는 것이 세상에서 제일 싫은 첫째는 아는데 반복하는 것과 이유 없이 외우는 것은 강하게 거부했다. 나는 어떻게 해야 거부감 없이 기본적인 연습을 시킬까 걱정이 많았다.

아빠의 해법은 몰입이었다.

가르쳐줘서 아는 것은 그것밖에 모르게 된다는 것이다. 스스로 끝까지 파헤쳐서 알아내는 것. 그것은 시간이 조금 더 걸리는 일이었고 아이의 인내심은 물론 어른의 기다림이 절대적으로 필요한 일이었다.

어느 날 아빠와 함께 노는 줄 알았는데 가보면 뭔가 기억법을 훈련하고 있었다. 방의 물건들을 이용해서 '단어 기억하기' 놀이를 하고 있었던 것이었다. 첫째는 외우기 테스트를 제일 싫어하는 아이라고 생각했는데 암기법을 이용해서 외우는 놀이는 신나서 몰입하고 있었다. 몇 달 지난 후에 아빠가 장난으로 다시 물어보았다. 아이는 한참 시간이 지났지만, 그날의 단어들을 여전히 기억하고 있던 것에 우리는 깜짝 놀라기도 하며 기억법의 효과를 실감했다.

연산도 구구단도 신나는 게임으로 보드게임으로 즐기듯이 수를 접하는 아이들과의 시간을 아빠가 담당해주어 딸은 연산 문제집을 강요하던 엄마의 부담스러운 시간과 마주할 필요가 없게 되었다. 딸은 기분 좋은 때 문제집으로 신나게 자신을 테스트해보는 시간을 가진다.

우리 뇌의 해마는 기억과 학습을 담당하고 있는데 감정중추는 기억중추인 해마와 바로 붙어있기 때문에 기억에 직접적인 영향을 준다고 한다. 그래서 감정과 함께 기억된 것은 기억이 잘된다. 부정적 감정의 상황에서 아주 쉬운 기억도 인출이 힘들다고 하니 즐거운 상황에서 아이의 연산이 쉽게 잘되는 것은 당연하다.

아울러 한 가지를 몰입해보고 알아낸 기쁨을 느끼고 나면 그때부터는 뇌가 변화하게 된다. 뇌의 범화 성질이다. 스스로 알아낸 아하! 하는 경험에서 나오는 깨달음을 느낀 아이는 그때부터는 문제(Question)가 문제(Problem)가 되지 않는다. "한 문제 더 내주세요~"하는 퀴즈 놀이가 되어간다.

단순반복의 연산의 필요성은 문제를 풀어가면서 스스로 깨닫게 될 때를 기다리도록 기회를 주고 또 기다려야 한다. 아이는 분명히 스스로 자신의 산을 넘어 갈 수 있다. 늦더라도 부모가 믿어주고 기다리며 응원해 줄 수만 있다면 말이다.

3-5

천재의 독서법처럼
천재의 몰입법

　남편과 나는 다른 점이 참 많지만 독서에 대한 것도 극명하게 차이가
난다. 나는 다독과 속독 스타일이지만 남편은 정독과 회독, 슬로우 리
딩을 하는 방식이다. 처음 서로 연애하던 시기에 우리는 서로의 책읽기
방식에 놀라워하며 남편은 내 속도에 놀라고 나는 상세 내용을 정확히
기억하는 남편의 독서방식이 신기해했다. 서로가 서로의 방식을 부러
워하며 자기가 잘 안 되는 책읽기의 방식을 나누었는데 나는 남편의
슬로우 리딩 방식이 매력 있었다.

• 일본의 슬로 리딩 수업 이야기

하시모토 다케시는 일본의 평범한 나다학교를 일약 명문학교로 만든 '슬로 리딩' 학습법을 창시했다. 당시 도쿄대 합격자 수 1위로 유명했으며 첫 수업 당시 '국어과목이 재미있다'에 5퍼센트를 보이던 학생이 1년 만에 95퍼센트로 상승하게 만든 장본인이다. 일본소설《은수저》한 권만 파고드는 방식의 수업으로 중학교 3년 내내 깊게 읽고 깊게 쓰고 깊게 체험하는 독창적 교육을 한 것이다. 남편은 어릴 때부터 음악을 즐겁게 해온 비결이 '슬로 리딩' 방법과 같다고 했다.

• 반복의 중요성

천재의 음악듣기법이 그렇다. 창조도 반복에서 시작한다. 가사, 악기, 코드, 멜로디 연주기법, 녹음상태, 레코딩 기법 등등 반복해서 들을 때마다 같은 음악에서 들려오는 것이 더 많아진다. 일단 좋아하는 음악을 반복해서 듣는 것이 시작이다.

작곡에서도 발라드 전문 작곡이나 트로트 전문 등 분야의 전문가마다 작곡 스타일이 있다. 그건 계속 같은 장르의 곡을 요구받고 만들어 내다 보니 훈련이 되고 그것이 반복되어 전문가로 자신을 이끌게 되는 것이다. 모든 전문가는 그런 과정을 거쳐왔다.

그런데 하나의 온전한 완성이 자신의 손에서 이루어지자마자 반복으로 숙련하는 과정 없이 다른 것으로 이리저리 집중이 흩어지게 되면 어떨까?

실제로 1학년 수업에 일 년 동안 한가지 음악을 듣는 것이 남편의 대학 1학년 학생들의 지도 커리큘럼이다. 작곡은 음악을 만들어내는 과정이지만 실제로는 잘 듣는 과정이다.

한 곡에 담긴 그 전문가의 정수를 알아내고 싶은데 만약 훈련이 안되어 있다면 그 한 곡을 몇 번 듣고는 반복해 계속 들으면서 알아내는 지겨운 시간을 견뎌내지 못하고 다른 곡으로 또 넘어가 버리고 말 것이다. 그렇다면 아무리 명곡이라도 들을 줄 모르고 결국 만들 줄 모르게 된다.

책도 고전을 읽듯이 일단 좋아하는 음악 중 오랫동안 명곡으로 인정받은 곡을 선택하여 반복해서 듣고 파악해 내야 한다. 그리고 그 과정의 마지막 수업은 그 곡을 자신이 만들어 내는 것이다. 이 쉬워 보이는 '한곡 듣고 한 곡 만들어내기 과정'을 학생들은 처음에 쉽게 생각하지만, 쉽게 보이는 한 곡이 결코 쉽지 않다는 것을 스스로 만드는 과정을 통해 절감 한다고 한다. 그 과정을 통해서 자신이 그 곡을 아무리 들어도 들을 수 없었던 부분은 어떤 곳인지 알고 경험하면서 자신의 시야가 아마추어에서 진정한 프로로 바뀌는 성장을 경험하게 된다.

클래식이란? 고전이란? 시간이 지나도 좋은 퀄러티라는 것은 무엇일까.

하나를 깊이 있게 파서 그 정수에 도달할 정도의 노력을 기울이는 것, 장인의 작품의 세계를 경험할 수 있도록 하는 과정을 통해 그 퀄러티를 실감해 볼 수 있다.

모방을 하려고 작곡을 배우는 것은 아니다. 이 과정은 어떤 작품 하나에 몰입해서 그 작곡가의 평생의 노하우를 학생의 손에서 비슷하게라도 창조해 낼 수 있는 귀를 가지고 오랜 시간 공을 들이며 몰입해 낼 수 있는 능력을 키우는 과정이다.

글을 쓸 줄 알아도 필사를 하는 사람들처럼. 좋아하는 작가의 글을 읽은 다음 글을 쓰면 자신이 마치 그 작가의 문체로 글을 쓰게 된다고 한다.

독서/ 작곡/글쓰기의 관계는 연결되어있다.

슬로 리딩으로 독서하듯 음악을 듣고, 지름길은 없는 글쓰기를 부지런히 연습하듯 시간이 필요한 게 작곡의 과정이다. 창작의 과정은 즉흥적 과정처럼 보이지만, 실제로는 막대한 연습량을 토대로 이루어진다.

<오즈의 마법사> 어린이뮤지컬을 보고 왔던 날 아이는 그 주제가를 흥얼거렸다. 작고 오동통한 4살배기 딸이 영어도 모르지만 따라 부르는 모습이 너무나 귀여워 들려준 그 곡은 몇 달 동안 아이가 매일 틀어달라고 하며 듣고 부르고 또 자고 일어나서 부르고 매일 듣고 흥얼거리는 노래가 되었다. 오즈의 마법사 그림을 그리고 캐릭터를 만들고 인형 놀이를 하고, 책은 물론이고 오즈의 마법사 영화를 보며 오즈의 마법사 관련 활동만 자그마치 일 년이 넘게 진행되었다. 그것은 아이 주도로 이루어진 놀이였다. 우리 집의 유행가였고 가장 핫 한 연극 무대였고, 피아노곡이었고, 인형 놀이 주제였다.

아빠는 그 몰입에 관련 가지치기로 늘 이야기를 만들어냈다. 다른 이야기를 하다가도 연결을 하고 놀고, 동서남북의 개념도 마녀들의 이름으로 알게 해주고 회오리바람 관련 자연현상 탐구, 마법사의 마술 쇼까지 아이의 동화 하나로 음악 미술 지리 환경 과학 이야기 등 꺼낼 소재가 무궁무진했다.

작가나 작곡가가 새로운 것을 자신의 손으로 만들 때 우리는 어머니의 손길처럼 다정하게 나의 귀에서 길잡이를 해주는 가르침에 신경을 집중하게 된다. "이건 나비야~"그 손가락이 가르키는 사물의 이름을 기억하는 아이처럼 몰입하게 된다. 작은 아기가 말을 배울 때처럼 온전히 세상의 신비로움과 즐거움에 집중한 상태여야 몰입의 성과를 거둘 수 있게 된다.

자주 새로운 것에 고개를 돌리고 하던 일을 멈추는 엄마만으로 이렇게 몰입에 익숙한 아이를 맞춰주기 쉽지 않았을 것이다. 아이들과 아빠는 늘 느리고 길게 자신만의 호흡으로 생각하고 움직이고 반복하고 또 반복하며 오랜 시간 무언가를 닦아나가는 유형의 사람들로 보인다. 그 옆에 있다가 보니, 나의 뇌도 변화해 가고 있다. 다독을 좋아하는 나였지만 정독과 슬로 리딩의 가치를 더 알게 되어간다. 같은 책을 반복해 보는 회독의 매력도 책을 쓰는 동안 알아가고 있다.

더 많이 더 여러 가지를 추구하던 맥시멀리스트의 삶에 남편이 함께하며 단순하고 소박한 손때묻은 살림에 애착을 가지게 되었다.

3-6

지금 이 순간에
함께하기

"으앙 ~ 나 안할래!" 잠깐 아이들과 놀고 있는 아빠에게 달려가 본다.
보드게임을 하다가 불리해지자 둘째가 뒤집어져 울고 있었다.

아이들은 가위바위보 한번 져도, 편을 나누어 팀으로 하는 경기더라
도 우리 팀이 지면 세상이 무너질 듯 울고 속상해한다. 아이에게는 게
임에서 지는 것은 과장 좀 보태서 자신이 실제 죽는 것과 다름 없는 고
통을 느낀다. 아이들은 그 순간 속에 살기 때문이다. 과거나 미래에 연
연해하지 않고 그 순간에 몰입하는 아이들의 모습을 보게 될 때가 많
다. 아이들은 기쁨도 그대로 온몸으로 두 팔 들어 표현한다. 우리가 반
가운 사람을 만났을 때 양팔 들어 안아준 기억은 언제였던가. 아이들은
슬픔도 온몸으로 드러누워 엉엉 소리 내 운다. 감정에 푹 빠지고 울다
달래주는 부모의 품에 꼭 안기고 나면 언제 그런 일이 있었냐며 또 신

나는 놀이로 뛰어든다.

　그와 반대로 항상 좌뇌가 돌고 있는 엄마는 마음이 바쁘다. 혼자 미래에 가 있다. 노는 것보다 나중에 저녁에 먹을거리를 생각하며 냉장고 속을 확인한다. 그리고 시장을 보고 오려면 지금 일단 설거지를 마무리해야 하니 아이들과 게임은 못 하고 남편에게 맡겨둔다. 그리고 저녁을 준비하기 위해 옷을 갈아입고 장 보러 후다닥 다녀와서 요리하고 저녁상을 차리고 밥을 먹고 나면 치우고 씻기고 재울 시간 확인하면서 바쁘게 움직인다. 입으로는 아이들의 숙제나 할 일들을 잊지 않고 이야기하며 머릿속은 내일의 할 일들을 미리 체크하며 아이들을 양 떼 몰듯 잠자리로 데리고 들어간다. 그런데 목욕물에 본격 물놀이를 하겠다는 아이들을 말리고 샤워하고 얼른 닦이고 말리고 나와, 책읽는 시간이라며 아이들을 불러모으지만 샤워 후 다시 살아난 아이들은 이부자리로 올 생각을 않고 다시 2차전을 시작한다. 엄마는 부글부글하며, 곧 불을 끄겠다 재촉하고 억지로 눕힌 아이들의 눈은 언제 잠들지 말똥거린다.

　매일이 이렇게 반복되는데 글로 써놓아도 숨이 찬다.

　우리는 미래에 대비하는 계획성을 갖추도록 가르침을 받아왔다. 과거를 회고하며 자신을 반성하는 자세를 연습하며 자라왔다. 이런 것이 어른의 성숙한 모습이라며 배워 왔지만 어쩌면 현재. 지금 이 순간에 잠시도 머무르지 못하고 시간에 쫓기며 힘들어하는 어른이 되어버린 내가 놓친 건 무엇일까? 내가 놓치고 사는 것. 그것은 아이들은 갖고 있지만 나는 지금 잃어버린 어떤것을 떠올리게 한다. 바로 '지금 이 순간 사는 것' 말이다.

삶은 여행에 자주 비교되곤 한다. 하지만 외부의 여행 즉, 우리가 아는 여행과 내면의 여행은 다르다. 삶은 지금 이 순간, 우리 자신 속으로 걷는 한 걸음을 걷는 내면여행이다. 삶은 목적지에 도착하는 것 혹은 돌아오는 것을 목표로 하는 것이 아니기 때문이다. 남편을 보면서 삶은 음악을 작곡하는 것과 같다는 생각을 하게 됐다. 철학자이자 영적지도 자인 앨런와츠는 음악은 작곡할 때 마지막에 도달하는 것이 목표가 아니라고 말했다. 그 행위자체가 목적이라는 것이다.

작곡하는 남편의 모습을 보면 물론 끝마쳐야 하는 날짜가 있는 곡도 있지만, 작곡은 실제로 손님이 드실 시간을 계산해서 딱 맞춰 따끈하게 나오는 요리가 아니다.

자신이 만족할 때까지 몇 년이 걸리면서 한 곡을 만들기도 하고 그것 마저도 마음에 안 들어서 버려지기도 하지만 그 곡을 만드는 순간에는 완전히 음악에 빠져서 몰입해 있는 상태에 있다. 완성과 미완성에도 관심이 없다. 목적지가 있지만 그 곳에 가기 위해 음악을 작곡하는 것이 아니다.

오로지 자신이 생각한 그 느낌을 음악으로 만들어내기 위해 끊임없이 덧입히고 변화하는 과정이 작곡이라고 할 수 있다.

노래를 얼른 끝내려고 클라이맥스나 엔딩만 쓰는 작곡가가 없듯이, 우리의 삶은 결과 성취 그 목표에 도달하기만을 위하여 만들어가지 않는다. 만들어가는 내내 변화하고 즐거워하고 불만을 가지기도 하면서 실패와 성공을 반복하는 다이나믹한 과정 중에 명곡을 완성하기도 하고 쓸모없는 곡을 과감히 버리고 다시 새로 쓸 용기를 가지기도 해야 하는 것이다.

우리는 노래를 부를 때 춤을 출 때 진정으로 이 순간, 이 행위 자체를 즐겁게 하는 것이 목표라는 것을 잘 알고 있다. 남편이 만든 <노래 불러> 라는 노래에 노래하는 사람의 가장 큰 보상은 노래하는 것이라는 말을 보면 알 수 있다. 올림픽 선수들의 동작에 점수를 매기듯 춤을 추는 이가 얼마나 점프를 할 것인지 점수를 매기다 시간을 보내다 보면 내가 놓치고 살았던 지금 이 순간 삶의 즐거움은 죽음의 순간에 가장 큰 후회로 남게 될 것이다.

삶에서도 이 순간의 즐거움 그대로를 느낄 수 있도록 우리의 성장의 과정 실패의 과정을 저항하지 말고 노래하듯 춤추듯 살려고 한다. 아이들과 함께 지금 이순간에 울고 웃을 수 있는 어른만이 그들과 진정한 현재의 순간을 함께 나눌 수 있다.

3-7
인생은 럭셔리한
경험만 있을 뿐

인도에 2주 남편과 아쉬람에서 머물기로 하고 리시케시라는 곳으로 떠났다. 명상과 요가만 하고 올 계획이었는데 우리가 머물렀던 아쉬람은 명상 프로그램이 없어서 다른 곳도 기웃거리고 거리에서 인도 음악 공연도 보았는데 한 인도인과 만나게 되었다. 그는 자신이 구루(Guru)라고 스스로 말하고 자신에 집에서 우리 둘에게 요가를 가르쳐주겠다고 했다.

우리는 그와의 대화가 좋았고 그의 집과 친척들과 여기저기 데리고 다니며 공연도 함께 보았다. 그의 아들은 한국에서 요가를 가르치고 싶다고 했었고 우리와 나중에 만날 것을 약속했다. 돌아갈 날이 되어 공항까지 갈 버스를 예약하려고 하는데 인도는 광고지와 실제가 다른 것이 많으니 버스 예약 시 조심하라는 글들을 봤다. 인도의 길이 험하고 덜컹거리고 오래 걸리니 무조건 좌석이 눕혀지는 에어컨 있는 리무진 버스를 예약하라고 해서 가격이 비싸더라도 그 버스를 예약하고 싶었다. 마침 그의 아들이 도와주어 에어컨이 갖추어진 등받이가 젖혀지는 좌석이 있는 '럭셔리 리무진 버스'를 감사히 예약하게 되었다. 럭셔리 버스인데도 가격은 우리나라 물가에 비하면 정말 저렴하기도 했다. 게다가 구루는 걱정된다며, 공항까지 배웅하고 싶다고 하여 우리 셋의 버스를 예약했다.

돌아가는 날 버스정류장으로 갔다. 그곳이 출발지라고 했다. 그런데 학교 운동장 같은 황량한 곳에 저 멀리 작은 버스 한 대가 보였다. 저 버스는 아니리라 생각했다. 오래된 1980년대 우리나라 버스 같아 보였다. 그러나 출발 시간이 되어도 우리가 탈 그 '럭셔리 리무진 버스'가 안 오는 것이었다. 우리는 초조했다. 비행기 출발 시간을 생각해서 버스가 늦어질 것을 계산해두었기는 하지만 그 버스를 놓치는 경우는 생각해 두지 못했었다.

멀리에 있던 그 시골 버스가 움직였다. 우리 앞에 와서 섰다. 가까이 보니 진짜 우리나라 옛날 구형 버스였다. 그리고 차장 같은 사람이 타라고 했다. 우리는 무슨 소리냐며 이런 낡은 버스가 아니다 우리는 럭셔리 리무진 버스라고 설명하며 티켓을 보여주었다. 티켓에는 선명하게 'All air conditioned, All seat reclined Luxury non stop limousine bus'라고 똑똑히 쓰여있었다. 우리는 우리 버스는 어디 있냐고 계속 물었지만 버스 차장은 타라고만 했다. 표를 보여줘도 그 버스가 이 버스라는 황당한 소리를 하는 것이었다. 그런데 안에 앉아있던 손님들을 보니 별 반응이 없었다. 시간이 이미 넘었고 초조해진 나는 차장과 운전기사에게 마구 따졌다. 그런데 우리와 함께 왔던 구루는 몇 마디 이야기를 조용히 나눈 후 버스에 올라탔다. 그리고 공항 가는 버스가 맞다며, 타라고 했다.

우리는 가는 내내 어이없는 그 럭셔리 버스에 화를 냈다. 뒤에 앉은 구루는 조용히 눈을 감았고 점점 다른 사람들이 올라탔다. 사람이 아닌 가축들도 몇 마리 타기도 했다. 논스톱버스는 없었다. 정거장이 없는 이 버스는 누가 쳐다보고 말하면 태웠다. 수없이 멈추고 태우고 내리는 버스에 나는 할 말을 잃었다. 그리고 어떤 남루한 할머니가 타려고 했는데 이번에는 한참을 이야기하더니 결국 어떻게든 버스를 타려고 했던 할머니를 내리게 하는 것이었다. 구루에게 물었더니 저 할머니는 돈이 부족해서 탈 수 없었다는 것이었다.

버스는 덜덜거리며 출발했고 우리는 길게 이어진 소 떼의 무리가 도로를 가로지르며 유유히 가는 동안 한참을 가다, 서다 하며 누런 먼지를 뒤집어쓴 채 창밖을 바라보고 있었다. 더 이상 화가 나지 않았다. 다섯시간이 흘렀을까? 나는 쿵쿵대서 엉덩이가 너무 아팠던 그 낡은 버스속에서 영원히 길을 잃을 것 같았다. 하지만 불안하지는 않았다. 이면 세상 모르는 곳에서 사막 같은 모래바람을 맞으면서도 한글이 써진 옛날버스광고와 노선표에 반가움과 재미를 느끼고 하나하나 관찰하던 중이었다. 그런데 갑자기 남편이 크게 웃기 시작했다. "푸하하하~" 그러고는 한참 동안 웃음을 멈추지 못한 채 그는 눈을 감고 있었다.

우리는 비행기 출발 전 극적으로 딱 맞게 공항에 도착했고 따뜻했던 구루와 마지막 포옹을 하고 서로를 다시 만날수 있을 기대하며 한국으로 돌아왔다. 그리고 남편은 우리가 겪은 일로 <럭셔리 버스>라는 곡을 만들었다.

여행의 실패담으로 노래를 만들 수 있다. 이 곡은 가사와 박자가 순식간에 만들어진 곡이다. 그만큼 자신의 실패가 창작의 동기가 되어 사람들을 즐겁게 하는 멜로디로 바뀐다면 그것만큼 행복한 실패가 어디 있을까?

생각보다 처절하게 진지하게 고민하는 사람이 행복과 만족의 인생을 살지 못하는 게 현실이다. 사물의 비뚤어지고 부정적인 부분만 보고 내가 지적하고 내가 통제하려는 그 마음가짐에서 고통이 온다.

부처님은 "인간은 모두 고통의 바다를 건넌다"라고 하셨다. 인생에 고(苦)와 락(樂)이 돌고 돌며 원인과 결과를 만들고 거기서 인간이 벗어나지 못해 고통을 겪는 것이라고 한다.

사실 인생은 장난 같다고 생각하며 그저 신나게 사는 것이 우리에게 더 좋은 마음의 자세일 때가 있다. 가벼운 마음으로 통제하거나 집착하지 않고 모든 것에 초연하게 웃어넘길 수 있는 여유 있는 삶을 사는 도인의 자세를 우리는 정말 갖고 싶지 않은가?

이 순간 럭셔리한 경험 속에 있음을 깨닫게 해주는 모래바람 속 럭셔리 버스에 우리는 지금도 올라타 있다. 잊지 말자 럭셔리한 우리들의 모든 무용담들을….

3-8

나는 부모다

거울신경 세포, 뇌의 동기화

공포영화를 볼 때, 음소거한 상태로 본적이 있는가? 가장 무서운 장면에서 소리 없이 그 장면을 보면 생각보다 무섭지 않다. 시각적 자극만은 그것만으로도 큰 영향을 미칠 수 있다. 사진 한 장으로도 충분히 공포를 표현할 수 있기 때문에 영화감독이 극적인 장면이나 부드러운 영상미에 신경을 많이 쓴다. 그러나 더한 감정을 불러일으키는 도구는 소리다. 소리, 음향의 파동은 관객에게 온몸으로 강한 자극을 전달할 수 있다. 그러나 이 이야기도 구시대 이야기가 되었다. 영화관은 2D, 3D, 4D영화를 넘어 2D와 3D를 더한 5D영화라며, 인간의 감각기관을 최대한 이용해 극대화된 경험을 창조하고 있다.

서로 다른 두 사람의 뇌에서 뇌 활동이 일어나는 부분이 동시에 일어나는 것을 '뇌의 동기화'(brain synchronize)라고 한다. 긴장된 공포영화 속 점점 커지는 둥둥 북소리에 두사람의 뇌는 공포를 느끼는 같은 부분의 뇌가 반응하며 만약 이런 상황에 반복 노출되면 두 사람의 뇌 구조도 실제 변화를 일으킨다.

아울러 거울신경세포도 있다. 특정 행동을 직접 수행할 때뿐만 아니라, 타인이 동일한 행동을 수행하는 것을 관찰할 때도 역시 활성화되는 신경세포를 의미한다.

티브이경연 프로그램 중 관객의 표정을 가장 많이 방송했던 것으로도 유명한 <나는 가수다> 프로그램은 남편이 음악감독으로 참여했었다. 시청자가 궁금하게 생각 할 수 있는 무대 뒷모습을 조명해 편곡자, 음악감독, 매니저와 대기실의 모습을 보여주며 음악이 만들어지는 과정과 경연의 긴장감을 공감할 수 있게 했다. 경연프로그램으로써, 처음으로 생방송으로 투표를 진행하는 등 시청자의 공감을 사는 획기적인 시도를 많이 했던 프로그램이다.

<나는 가수다>는 역대급 가수들의 참여와 열정에 호응을 일으켰고, 일반적인 음악프로그램 이상의 완성도 있는 공연에 투자를 했으며, 특히 질 높은 음향에 초점을 맞춰 방송한 결과 티브이를 집에서 시청하던 사람들도 같은 부분에서 감동을 일으켰다.

당시 청중 평가단 500명을 따로 모집했으며 준비된 마음으로 적극적 자세로 음악을 온몸으로 들었던 관객들은 현장소리의 파동이 온몸을 휘감아 저절로 눈물이 나오는 경험을 했다. 최고의 국내가수를 대중의 손으로 탈락시키게 하는 프로그램 룰 때문에 평가단은 더 진정성있게 음악을 듣고 자신의 마음을 더 울렸던 곡을 골라 신중히 버튼을 눌렀다.

처음에 어떻게 관객들이 저렇게 울기까지 하나 했던 안방의 시청자들은 점점 회가 거듭할수록 마치 공연장에 있는 듯한 몰입으로 시청하게 되어 큰 관심만큼 높은 시청률을 보였다.

음악의 파장이 나와 주변사람에게 같이 영향을 미치고 그것이 우리 뇌의 일부를 동기화해버리는 순간 공연장이라는 곳은 엄청난 에너지로 둘러싸이게 된다.

그 공연장 속 관객의 표정에 시각적으로도 더 공감한 시청자의 뇌도 거울신경세포의 영향으로 현장의 관객과 비슷한 부분의 뇌 활동을 하며 천천히 변화했을 것이다

인도에 시타르라는 악기가 있다. 인도 여행 중에 남편이 배웠던 그 악기는 줄이 20여 개이지만, 연주할 때 주로 한 줄로 연주하는 경우도 많다고 한다. 각 음계를 연주할 때마다 그에 해당하는 배음이 울리면서 악기의 독특한 소리를 만들어낸다. 재미있는 것은 '도'음을 연주하면 도에 해당하는 배음의 줄만 울린다. 레에 해당하는 줄은 반응하지 않는다. 집에서 피아노 옆에 시타르를 두었더니 자기가 연주하는 피아노음에 시타르의 배음이 함께 울리기도 하는 것에 아이가 무척 신기해했다.

우리는 각자 다른 음계를 가지고 살고 있지만 모든 음을 연주할 수 있는 악기와 같다. 특정한 상황에 기쁨과 화를 느끼는 나와 그렇지 않은 다른 사람과 함께 시간을 보내고 같은 환경에서 산다.

같은 도에 반응하지 않아도 계속 도를 연주하는 나에게 동기화 된다면 '레'음에만 반응하던 그도 함께 점점 도에 반응하며 변화하다가 내가 도를 내기 전에 먼저 상대가 나의 도를 예측해내기도 하는 것이 인간의 뇌의 신비한 점이다.

소리는 바로 들어 확인 할 수 있지만 생각은 알아채지 못 할 때도 많다. 그래서 우리가 서로에게 영향을 주며 거울처럼 우리를 비춰주고 있는 것을 잘 모르고 살고 있기도 하다.

하지만, 조금만 관심을 가지면, 우리는 서로에게 영향을 받고 변화한다는 과학적 연구결과를 쉽게 접하게 된다.

서로 협력하는 관계일수록 뇌의 동기화의 정도가 더 커진다고 한다. 과학이론을 언급하지 않아도 이미 우리는 아이가 부모의 모습을 닮아가는 것을 알고 있다. 거울뉴런이 존재하여 상대를 그대로 따라 하며 배워가는 것이다.

부부도 오랜 시간 함께하면 닮아가는 것도 서로에게 영향을 끼치는 가운데 우리 안에 내적으로나 외적인 변화가 이루어진다는 것에 이의를 제기할 수 없을 것이다.

뇌의 동기화를 잘 일으킬 수 있는 가장 협력하는 관계는 결국 가족이다. 자녀가 부모를 닮을 수밖에 없는 근본적 이유이고 음악이든 책이든 좋은 경험이든 아이들을 위해 어떤 부모의 모습을 모델링으로 보여줄 수 있을까 부모는 생각하는 과정이 필요하다.

"책읽어라~ 공부해라~" 말로 가르칠 필요없이 저절로 배우게 만드는 교육이 바로 뇌의 동기화 과정을 아는 부모가 보여줄 수 있는 참교육이 될 것이다.

당신은 지금 어떤 뇌를 가지고 어떤 식으로 삶을 살아가면서 아이들의 뇌에 동기화를 시켜주고 있는가?

세상이 빠르게 바뀌는데 교육이 가장 늦게 바뀐다고 남 탓하지 말고 부정적 에너지를 차단하고 나에게 투자해야 한다. 모든 가정에서 나부터 바뀌면 부부와 자녀로 영향을 미쳐 극적인 변화가 일어난다.

한번 좋은 음악에 감동한 관객들은 다시 그 감동을 다시 경험하고 싶어 한다. <나는 가수다> 이후 국내 음악 방송 프로그램이 엄청난 발전과 새로운 시도를 거듭해 가고 있다. 그 에너지를 만든 진정한 힘은 깊은 음악의 울림에 감동을 경험했던 그 관객의 표정으로 카메라가 돌려졌을때 공감을 경험한 많은 시청자들이 함께 만들어 낸 것이다. 적극적인 참여와 마음을 열고 음악에 자신의 삶을 대입해 듣는 감상의 태도를 가지게 만들어준 방송 프로그램으로 국내 일반시청자들의 음악 감상 수준에 변화를 일으켰다. 현장에서 무대를 바라보던 청중들은 거기에 아랑곳없이 가수들이 준비한 최고의 무대를 즐기며 함께 최고의 가수와 최고의 관객이 감동으로 동기화되었다.

내가 내는 '도'음에 배음으로 같이 따를 아이들을 위해

우리는 매일 가장 멋진 '도'음을 내기 위해 부지런히 한음한음 튜닝을 하고 있다.

3-9
예술가의 씨앗은
자발성과 존중으로
피어난다

예술가의 씨앗

엄마가 되어서 알게 되었다. 아이들을 왜 꼬마 예술가로 부르는지. 빈 종이 앞에서 뭐 그릴까 하고 한참을 고민하는 어른들과 달리 그 자리에서 물감을 묻혀 바로 흰 종이에 서슴없이 그려버리는 것만으로도 아이는 예술가였다.

베트남 아이들을 후원하는 자선단체 '호아빈'의 모임에서 몇 년 전 제천의 이철수 판화가님 집에 초대해주셨다. 딸아이는 자신의 꿈이 화가라고 하며 그리고 있던 그림 노트를 보여드렸다. 노트를 보시고 칭찬과 격려를 해주시며 "아이는 종이 무서운 줄을 모른다"라고 하셨던 말씀이 기억난다. 많은 작가와 화가들이 빈 종이 공포를 겪는다고 했다.

그 서슴없는 자기표현만으로도 아이들은 분명히 예술가의 씨앗을 가지고 있는 것이다.

앞으로 살아갈 시대에는 예술가가 되야한다고 한다.

예술가의 정의는 이제는 다른 느낌으로 와 닿는다. 예술가를 키워내는 교육은 어떤 것일까? 완벽함을 무조건 연습 시켜 100점에 도달하게 만드는 것을 목표로 하는 학교교육은 어떤가? 각종 스펙쌓기에 열중하는 것은 예술적 역량에 과연 도움이 될까?

그동안 나는 예술가가 되는 사람은 따로 있다고 생각했다. 예술적 재능 아니면 불굴의 노력으로 재능을 뛰어넘는 집중을 통해 예술로 승화시키는 사람들도 마찬가지로 타고났다고 생각했다. 그들에 비하면 나는 그냥 일반인이기에 예술가들을 다른 종족으로 우러러 보면서 그들의 작품을 감상하는 것으로 숨결을 느끼며 만족해야만 했다.

그런데 아이들을 키우는 동안 내 생각이 크게 바뀌었다. 매 순간에 창조해 내는 아이들의 예술적인 능력을 보고 날 때부터 예술가와 노동자로 사람들을 분류할 수 없다는 것을 알게 되었다.

악기를 연주하는 연주자들은 모두 예술가인가? 농부는 다 노동자일까? 노동자의 숭고한 가치를 폄하하려는 것이 아니다. 창조적인 예술가가 되려는 경우의 이야기이다. 직업은 노동자지만 예술가로 사는 사람이 있고, 또한 예술가처럼 보이는 일을 하지만 하라는 대로 따르는 단순 노동자의 삶을 사는 사람들을 본 적이 있는가?

최근 남편은 여러 방송 프로그램의 음악감독으로 활동하고 있어 편곡한 음악을 여러 사람들과 함께 음악을 만들어가고 있다. 그러면서 많은 실력 있는 연주자들과 작업을 하게 되는데 방송 특성상 한 회에 여러 곡의 연주를 매주 해야 해서 모두가 피로한 상황에 놓여있는 경우가 많다. 그런데 누군가는 그 속에서 자신만의 스타일을 드러내며 적극적으로 음악에 빠져 들어있는 연주자와 그 곡을 연주해 내는 것만 목적으로 영혼 없이 기계처럼 맡은 곡을 소화해 내는 연주자를 만날 때가 있다고 했다. 그렇다면 한 사람을 예술가로 또는 노동자로 다르게 느끼게 되는 결정적인 이유는 무엇일까?

바로 자발성이다.

자발성의 사전적 의미는 남의 영향을 받지 않고 자기 내부의 원인과 힘에 의하여 사고나 행위가 이루어지는 특성이라고 한다. 마치 내가 만든 곡처럼 음악을 이해하고 자신의 숨결을 불어 넣어 자발적으로 그 음악을 완성도를 높이는 한 명의 연주자로 인해 편곡해 둔 곡의 분위기가 한층 더 살아나게 된다. 그것은 아는 사람의 눈에는 보이는 법이다. 그리고 그 연주자에게 이후에도 많은 곡에 그의 숨결을 부탁할 것임이 틀림없어 보인다.

우리는 보통 음악 하는 사람은 예술가라고 생각하는 편이다. 하지만 아니다. 그들에게는 자신의 자발성에 따라 예술가로 살거나 악보대로의 음을 단순히 따라가는 일을 하는 단순연주자로 나뉘는 것이다.

이것은 삶에 있어 모든 일에서의 태도를 말하는 것임을 알았다. 그렇다면 예술가의 씨앗을 가진 아이의 자발성을 키우려면 어떻게 해야 할까?

'존중'이 그 해법 중의 하나가 될 수 있다.

아이들이 스스로의 작품을 대하는 태도를 보고 깨달은 것이 있다. 그들은 무언가를 할 때 시작하는 순간부터 창조적이다. 누군가 시켜서가 아니라 자발적으로 무언가를 만들려는 순간부터, 재료를 고르느라 주변을 관찰하는 순간부터 아이는 이미 예술가의 눈빛을 하고 있다.

그리고 자기만의 세계에 진정으로 즐기며 자신 있게 빠져드는 것을 본다. 스스로 만들어내는 것의 기쁨에 무한하게 젖어 들어있는 아이의 눈빛은 누가 가르쳐 준 것이 아니라는 것을 알았다. 자신의 작품이 오롯이 스스로의 창조물일때 아이는 더한 애착을 느끼고 스스로를 자랑스러워한다.

그런 아이를 나는 '존중'해서 키웠다고 생각했지만 실제로는 그렇지 않았다. 만들기를 할 때도 미리 준비해서 엄마표 미술놀이라며 주제를 주려 노력했고 전시나 체험도 좋아보이는 것을 열심히 검색해서 엄마가 원하는 곳으로 데려갔다. 아이가 놀이를 통해서 배우기를 바라 생활 속의 배울 거리에 촉각을 세우다 보니 자꾸만 설명하려 들고 순간순간 개입했다. 그것이 아이를 위한 일이라 생각했다. 하지만 아이의 방식을 '존중'하기보다 무의식 중에 내 방식대로 '조종'하며 키워왔던 나를 바라보게 되었다.

남편이 아이들을 데리고 곤충체험전에 데리고 가주었으면 했다. 쉬는 날에 아빠가 나서서 미술관에 가주고 나는 하루라도 휴가를 가지고 싶다고 생각했다. 그런데 남편은 마당에서만 놀았다. 집에서 놀거나 나가도 동네 산책만 하고 멀리 나가지 않는 것이었다. 그리고 아무것도 계획하지 않았다. 아이들이 원하는 주제에 그대로 따라갔다. 그날의 할 일을 전혀 계획하지 않았다. 그저 아이들과 함께 놀았다.

좌뇌 우세의 엄마는 불만이 솟구쳤다. 내 안의 지껄이는 목소리가 쉬는 하루, 소중한 방학, 이렇게 빛나는 날씨가 그냥 사라진다고 더 많은 경험 더 많은 기회를 왜 가지지 않느냐며 나를 볶아 댔다. 도움이 되는 정보를 다 찾아 놓았지만 왜 따르지 않느냐며 남편도 '조종'하려 했다.

사실 좋아하는 것이라도 누군가가 하라고 한다면 할 수는 있지만 진심으로 그 활동에 빠져들기 힘들다.

EBS 다큐멘터리 <놀이의 힘- 진짜 놀이 가짜놀이>에서 실험을 했다. 30분의 같은 놀이 시간이 주어졌고 모두 그 시간 한가지놀이를 했다. 첫 번째 그룹은 놀이를 선생님이 지정했다. 아이들이 가장 좋아하는 블록놀이였다.

두 번째 그룹은 자유 선택 놀이를 했다. 블록놀이, 역할놀이 등 원하는 곳에서 놀이를 시작했다. 약속된 시간이 지나고 계속 하던 놀이를 더 해도 된다고 하였지만 첫 번째 그룹의 아이들은 30분이 끝나니 모두 다른 놀이를 하러 가고 블록놀이 공간에는 한명도 남지 않았지만 두 번째 그룹은 다른 놀이를 해도 좋다고 해도 자신의 하던 놀이를 계속 이어서 하는 모습이었다.

아이들은 왜 다른 선택을 했을까?

자발성의 차이였다. 그것이 몰입과 지속시간의 결과에 차이를 만들었다. 아이들은 스스로 선택한 놀이에 몰입하면 시간에 상관없는 깊은 몰입을 경험하게 되는 것이었다.

나는 뒤늦게 알게 되었다. 무엇이 아이들을 그렇게 웃게 만드는지, 무엇 때문에 그렇게 하루가 짧게 느껴질 정도로 종일 몰입하느라 정신이 없는지. 지루할 새가 없을 정도로 집에서 자신들이 할 일들에 바쁜 아이들이었는데 그들의 생각을 '존중'하기보다는 새로운 배움을 위한 답시고 끌고 나가려 했던 엄마의 계획에 옷을 갈아입지 않으려고 했던 아들을 이제는 이해하게 되었다.

예술가가 되라고 하는 것은 이제 의미가 다르게 느껴진다. 미술, 음악에서의 창조물을 정해진 시간에 그냥 만들어내라는 것이 아니다. 자발적으로 자신의 숨결을 지속적으로 불어넣은 삶의 모든 행동이 예술이 되는 것이다.

그래서 자발성이 있다면 내가 서 있는 이 자리에서 지금 바로 예술가로 살 수 있다. 예술가의 씨앗을 스스로 꺼내 영혼을 담아 몰입을 지속할수 있도록 존중해주는 환경, 그 환경을 부모가 제공해 주는가 아닌가에 따라서 아이들은 예술가로 또는 노동자로 삶을 시작할 것이다.

예술가 중의 예술가

가수 이소라는 종종 공연중이나 인터뷰에 '노래하는 씨앗'이라고 자신을 설명하곤 했다. 이 별에 자신이 온 이유는 노래하기 위해서라고 이야기한다.

남편이 곡을 만들고 함께 작업한 이소라 7집의 수록곡인 <Track 11>에서 그녀가 여러 별을 떠돌다 자신의 노래 놓을 곳 찾아 이곳에 왔다고 이야기한다. 노래하는 씨앗을 가진 그녀의 특별한 재능에 우리별이 그녀의 음악으로 꽃이 피는 것처럼 시타르 연주소리가 우주의 별이 된 듯 몽환적으로 들려온다. 그녀는 노래하는 가수로도 독보적이지만, 자신이 원하는 곡을 작곡해줄 뮤지션들에게 곡을 요청하고 거기에 직접 가사를 붙이는 과정으로 곡을 완전히 자신의 세계로 가득 채워버리는 것으로 감동을 준다. 듣는이를 그녀의 세계로 완벽하게 빠져들게 하는 가사를 통해 영혼을 표현하는 뮤지션이다.

남편은 함께 작업한 가수 중에 예술가 중의 예술가라고 부를 수 있는 사람은 이소라 씨라고 말한 적이 있다.

예술가 중의 예술가. 그녀는 그런 특별한 목표를 가지려고 노래를 하는 것은 분명 아니다. 다만 자신의 존재 이유를 노래하는 것에서 찾았고 그 재능으로 지속적으로 사람들에게 말을 걸어왔다.

<나는 가수다> 라는 프로그램의 이름을 정한 사람도 이소라이다. 애초 '7인 가수쇼'라는 다소 촌스러운 가제를 듣고 그녀가 <나는 가 수다

>로 숫자 7을 넣어 피디에게 제안하는 메시지를 보냈다고 했다. 노래의 가사를 작사하고 자신이 출연할 방송에 경연으로도 힘들텐데 MC로도 참여함은 물론, 제목에서도 자신만의 창조성을 불어넣어 가수들에게 영감을 주는 그녀의 자발적인 예술가의 기질을 발견할 수 있는 일화다.

<나는 가수다>는 유명한 가수든 얼굴 없는 가수든 노래하는 가수들에게 '나는 가수다'라는 자신의 정체성, 예술가의 씨앗을 매 회 일깨워주는 타이틀이 되었다. 정상급 최고의 가수들이 경쟁에서 1위를 하거나 탈락하지 않으려고 노래하는 것이 아니라 자신의 음악으로 사람들과 감동을 주고받으며 자신이 이 별에 온 이유를 당당히 선언하며 우리에게 질문을 던졌다.

나는 누구인가?
그리고 나는 또 자신에게 물어본다.
나의 씨앗은 무엇일까?
이 행운의 별에서 나는 어떤 씨앗을 놓아 키우고 싶은가?

3-10

작곡가 아빠네
음악교육이야기

남편이 음악 하니 아이들의 음악교육은 걱정 없다구요?

"음악하는 아빠가 있으니 애들 음악교육은 신경 안 써도 되겠네~"
주위의 이야기다.

하지만 나는 아빠가 음악을 전혀 가르치지도 않고 가르칠 생각도 없
는 것이 마음에 계속 걸렸다. 그 흔한 피아노 학원도 보내는 것도, 물려
받은 어린이 바이올린도 시키는 것에도 전혀 의지가 없는 남편에 조바
심이 슬슬 올라왔다.

남편과 대화를 나눈 후 나는 음악에서는 남편의 의견을 따르기로 했
다. 그렇지만 다른 나라의 음악교육은 어떨까 음악 교육에 결정적 시기
가 있는 걸까? 음악 조기 교육을 어떻게 하는 걸까? 알아보았다.

음악선진국인 독일의 음악교육은 어떨까? 독일은 아주 어릴 때부터

음악 기초교육을 시작한다. 악기 다루는 법이 아니라 자연의 소리 쉽게 우리 주변에서 접할 수 있는 소리에 주목하게 한다는 것이다. 7세 이전은 의식적으로 다양한 소리에 노출하고 놀 수 있도록 한다는 것이다. 어릴 때부터 음악을 접하지만 우리가 생각하는 음악 교육이 아니다.

우리 집에서 현재 하고 있는 음악 교육에 대한 이야기를 모아보았다.

남편의 개인적인 의견도 있어 어떤 교육 법칙이라고 할 수는 없지만 아이들이 평생 음악을 즐기면서 살 수 있는 사람이 되기를 바라는 우리 부부의 소소한 음악 환경 이야기를 소개한다.

• 악기교육보다는 듣기가 가장 중요하다

시각과 청각은 이른 시기에 발달하니 0세 아니, 태아 때부터 귀로 듣고, 몸으로 듣는 것을 유아기에 지속할 수 있도록 자주 좋은 음악에 노출하는 것이 좋다. 엄마는 장르별로 스트리밍 해서 다양한 많은 곡을 듣는 편이고 아빠는 선별된 곡을 주기적으로 반복해 듣는 것을 선호하는 편이다. 아이들마다 다르겠지만, 우리 집 아이들은 한 곡을 무한반복하는 것을 좋아한다. 같은 시디를 듣고 반복해서 노래를 따라 부르던 아이를 보고 있던 남편은 피아노로 옮겨가 그 노래를 연주한다. 다른 편곡으로 연주하는 같은 노래를 듣는 아이들은 피아노만으로 다르게 만들어지는 같은 곡에 신나기도 하다가 슬프기도 하면서 곡의 변화를 몸으로 느낀다. 그러다가 흥이 나면 춤을 추고 옆에 있는 북을 두드리기도 하고 팝송의 경우에는 가사를 검색해서 피아노에 올려놓고 목청껏 따라부르다 어느 순간 다 외워버리고 만다. 한글 가사의 아름다움을 음미하기도 하는 아이들은 음악을 귀로 듣지만 몸으로도 듣고 감정으로 들으며 한 곡을 온전히 나의 노래로 가슴속에 담고 다음 노래로 넘어간다.

늘 음악을 가까이하지만 사실 남편이 가장 좋아하는 소리는 인공적
으로 만들어지지 않은 소리. 만들어진 소리가 없는 자연의 아무소리 없
는 순간을 가장 좋아한다.

• 리듬감을 익히는 것이 좋다

장난감 북보다는 신나게 두드릴 수 있는 젬베나 북이 있으면 좋다.

미국 부모들이 뽑은 최고의 악기라는 '붐웨커'라는 타악기가 있다.
유치원 오르프시간에 접하고 집에도 자주 사용한다. 뮤직파이프, 멜로
디 스틱이라고도 한다. 길이가 다른 플라스틱 봉을 두드리면서 연주하
는 방식으로 타악기지만 음이 다른 것을 이용해 신나게 리듬을 만들어
낼 수 있다. 음악을 직접 쉽게 만들어가는 경험을 할 수 있어 리듬감을
키워가는 동시에 창의성과 협동심을 키울 수 있다.

• 음악을 사용하는 운동이면 더 좋다

악기 연주 시에 손가락 등을 움직일 때의 섬세한 동작을 교치운동이
라고 한다. 그렇게 동작을 세심하고 정교하게 수행가능하게 하는 능력
은 만 3~5세 무렵이라고 하는데 이때가 악기를 배우기 좋은 때라고 한
다. 하지만 뇌의 운동령이 3~5세에 크게 발달하는 것이라 사실 악기보
다는 운동을 배워야 한다. 악기를 성급하게 배우도록 강요하기보다는
음악을 들으며 몸을 움직일 기회를 주는 것이 좋다고 생각한다.

실제로 악기연습은 손과 팔을 움직여서 지속적으로 연습을 해가며
해당 부분 근육을 키우는 운동과 같은 것이기 때문이다.

• 리듬감을 위해서는 춤을

발레, 피겨스케이트 등의 음악과 함께 하는 운동이 있지만 쉽게 할

수 있는 춤도 좋다. 코로나로 아이들이 온라인 수업을 하는 동안 지루하지 않도록 선생님이 한 번씩 들려주는 퀸의 노래에 상당한 영향을 받은 아들 덕분에 온 가족이 퀸의 노래와 춤까지 추게 되었다. 요즘에는 휴대폰을 손에 들고 컴퓨터나 티브이에 연결해 가정에서도 춤을 게임으로 즐길 수 있는 앱도 있다. 방송댄스나 정형화된 동작을 배우는 것도 좋지만 어릴 때는 동작에 얽매이지 말고 충분히 음악에 대한 느낌을 몸으로 자유롭게 표현할 기회를 먼저 가지도록 마음껏 춤을 즐기도록 해오고 있다. 딸은 노랫말에 따라 감정을 몸동작으로 표현하기를 즐기는 편인데 음악의 속도나 고조되는 전개의 흐름을 바로 파악하며 표정과 몸짓으로 멋지게 표현해 낸다. 꼭 틀에 맞는 무용이나 발레를 따로 배워야 하는 것은 아니라 생각한다.

• 악기 교육은 흥미를 먼저 가진 후 시작하는 것이 순서다

부모가 피아노나 기타를 치는 것을 즐기는 모습을 보이는 것이 가장 효과적이다. 둘째가 17개월일 때, 피아노 앞에 앉아서 언제나 눈을 감고 몸을 흔들고 노래하며 피아노 연주하는 아빠를 흉내 냈다. 말도 잘 못하는 아기가 너무나 진지하게 피아노를 치며 노래하는 척 하는 모습은 아이가 부모를 거울처럼 닮는다는 것을 실감했다. 엄마, 아빠가 악기를 잡으면 아이들은 합주하고 싶어 얼른 달려와 각자 다른 악기를 들고 와 자신만의 박자를 맞추었다.

• 아이가 호기심을 보인다면?

악기를 다루는 연습을 아이 스스로가 어릴 적부터 하고 싶어 한다면 아주 좋다. 하지만 아이가 배우고 싶다고 했던 잠깐의 한마디에 너무 무리하게 어릴 적부터 악기를 강제로 시키면 내키지 않은 연습으로 인해 음악은 하기 힘든 것으로 느껴질수도 있는 것을 아빠는 가장 경계했다. 유명 음악가들이 어린 시절부터 악기를 시작했다며 3~4세가 적기라고 서두르지만 7세부터 악보를 보기가 쉬우니 그 이전에는 악기를 즐길 수 있도록 많이 가지고 놀 수 있게 했다. 우리 집에는 친척들로 물려받은 각종 악기가 있다. 사용하는 법을 아빠가 보여주면서 노는 것으로도 충분하다고 생각하여 스스로 배우려고 하지 않는 이상 가르치지는 않았다.

사실 엄마로서는 아이가 스스로 연주해 보고 싶다는 열망이 올라오기 전까지 기다리는 것이 가장 힘들었다. 하지만 적극적인 음악교육은 천천히 해도 늦은 것은 아니라는 생각에 동의한다. 데이비드 엡스타인의 《늦깎이 천재들의 비밀》(열린책들)에서는 조기교육의 알려진 신화와는 반대로 뒤늦게 발견한 자신의 재능에 몰입한 성공의 예들이 가득 나온다.

실로폰이나 북 작은 악기를 총동원하여 악기를 못 다루더라도 가족 연주회를 자주 열어 손님들께 보이도록 하는 과정에서 자신이 배우고 싶은 악기에 대한 생각이 일어날 것이다. 그러기 위해서는 부모가 음악을 좋아하는 것이 기본이다.

• 악기를 배울 때

악기를 배울 때 어떤 계기가 있어 단기간 몰입해 연습해서 성취감을 맛보는 방법도 있고, 짧지만 자주 그리고 긴 시간동안 한 가지 악기를 꾸준히 다루며 지루한 단계를 인내하는 과정에서 스킬을 향상시키는 방법도 있다. 가능하다면 어느 정도 잘 다룰 수 있을 정도까지 한 악기를 자신감 있는 상태까지 연습한다면 다른 악기나 운동 그리고 공부도 스스로에 자신감을 갖고 열심히 하게 되는 근성을 보이게 된다.

앞서 말한 뇌의 범화라는 성질이 있다. 한 가지에 흥미를 가져서 잘 하게 되면 그것과 관계없는 뇌의 다른 부분까지 능력이 향상되는 성질이다.

하나의 능력을 뛰어나게 갖추는 것으로 다른 능력을 키울 수 있는 신경 세포 네트워크를 만든다면 아이가 가장 좋아하는 것을 선택해 악기든 운동이든 꾸준히 하나만 마스터하여 뇌 전체기능을 발달시켜줄 수 있다.

• 외국어학습과 음악

뇌에서 소리를 담당하는 영역과 언어영역이 겹쳐 있을 정도로 가까운 곳에 있다고 한다. 가까이 위치할수록 영향을 쉽게 줄 수 있다. 음악을 들으면서 자연스럽게 듣기에 익숙해진 아이들은 영어나 중국어 등 외국어를 습득할 때도 듣기가 기본이므로 발음을 구별한다거나 하는 외국어학습에 도움이 될 수 있다.

• 무의미한 라디오나 티브이소리는 없앨 것

영어 공부에 흘려듣기가 도움이 될 수 있다고 하지만 유아기에 청력이 발달하고 집중력이 길러지는 시기에는 지속적으로 유지되는 정체 없는 소리자극은 자제하는 것이 좋다고 생각한다. 멀티 테스킹을 하면 한 번에 한 가지 일이 가능한 뇌의 특성에 반하는 일이므로, 뇌가 작업 전환을 하느라 과제 집중에 방해가 되는 것이다.

아이들이 자신만의 관심사 속에 빠져 들어가는 그 몰입의 타이밍에 순간 티브이에서 요란한 광고소리가 나오면, 놀다말고 고개를 돌려 티브이를 보다 집중력이 분산되고 집중은 거기서 멈추게 된다.

• 음악을 들을 때는 될 수 있으면 음정이 정확한 곡으로

음악은 들려주려면 제대로 만든 것으로 들려주려고 한다. 될 수 있으면 동요를 부르는 아이의 음정이 비교적 정확한 곡을 선택하는 편이다. 어린 시절 반복해서 듣던 시디 속 동요로 잘못 인식된 음정은 올바른 음정을 기억하는데 방해되기 쉽다며 남편은 차에서 듣던 시디를 꺼내 다른 곡으로 바꾸었다. 그리고 오르골을 좋아하는 딸아이의 선물을 고르는데 음정이 이상한 오르골이 있는지 유심히 들어보고 확인한 후 구매했다.

이왕이면, 전자음보다는 실제 악기로 구성된 음악을 듣도록 선택하는 편인데, 평소 아이들을 위한 동요를 찾을 때 만족스러운 국내 동요 음원을 찾기 힘들어 안타까웠던 적도 많았다. 하지만 아이들이 직접 부르는 노래에는 음정평가나 지적은 전혀 하지 않고 있다.

음악을 들을 땐 까다롭게, 하지만 표현할 땐 자유롭게 해야 한다는 게 남편의 생각이다.

• 스피커 음질도 조금은 나은 편이 좋다

좋은 음향을 위한 투자는 끝도 없다고 한다. 좋은 스피커를 구매해 음악을 감상하라는 뜻은 아니다. 요즘 많이 나와 있는 블루투스 스피커로도 충분하다고 생각한다. 스피커를 통해 음악을 들려주는 것이 한 곡을 듣더라도 귀뿐만 아니라 심장으로 음악을 들을 확률이 높아진다. 그래도 요즘은 휴대폰이 많이 좋아져 음질이 떨어지는 스피커보다 오히려 나을 때도 있고 무엇보다 편리하다.

하지만 귀에만 자극을 주며 듣게 되는 이어폰은 아이들에게는 사용하지 않도록 하고 있다. 이어폰보다는 헤드폰을 권장한다. 하지만 그것도 아이들은 사용하지 않는 편이다.

• 공간을 메우는 음악의 힘

공간의 에너지를 만드는 데 여러 방법이 있는데, 음악을 트는 것이 가장 쉽다. 아이와 피로한 오후에는 공간을 음악으로 채우고 있다.

꼭 동요만 들을 필요가 없다. 엄마가 좋아하는 가요를 들어도 좋다. 분위기와 계절에 어울리는 엄마의 선곡으로 아이들이 하는 일에 몰입하기도 하고 신나게 춤에 빠져들기도 하며 에너지를 바꿔주고 있다.

• 엄마 아빠의 노랫소리

마지막으로 꼭 멋진 음악을 준비해야 하는 것은 아니라 생각한다. 엄마가 직접 내는 소리는 박자가 안 맞아도 음이 틀려도 그 어떤 것도 좋다고 생각한다.

실제로 나의 아빠는 기타연주하며 노래한 자신의 목소리를 녹음 시켜 들려줄 정도로 음악을 사랑했다고 하는데 엄마는 가장 싫어하는 게 노래하는 것이었을 정도로 갈라지는 허스키한 목소리다. 하지만 나는 지금도 나를 위해 불러주던 엄마의 자장가 소리를 기억하고 있다. 어릴 때 엄마에게 업혀서 편안함을 느꼈던 아이는 업힌 엄마 등에 귀를 대고 엄마의 목소리와 자장가 불러줄 때 울리는 소리에 안정감을 평화와 사랑을 느낀다.

엄마의 진짜소리를 아이들은 제일 좋아한다. 내가 집에서 말도 안 되게 개사하면서 코믹하게 노래메들리를 부를 때마다 아이들은 데굴데굴 구르며 좋아한다. 그리고 남편은 칭찬해준다. "우아~ 역시 작곡가의 아내야~!"

CHAPTER 4

함께하는
육아

4-1

환상적인
한 팀이 된다

　한국음악저작권협회에서는 일정 기간마다 음원 수입에 대한 정산을 해준다. 한 곡에서 수입이 발생 했을 때 작곡가와 작사가 중 누가 더 높은 금액을 가져가게 될까? 답은 반반 50:50이다. 좋은 노래를 작곡하려면 좋은 곡과 좋은 노랫말이 있어야 한다. 어떤 가사가 붙여지느냐에 따라 완전히 다른 분위기를 만들어 낼 수 있기 때문에 가사의 중요성은 곡만큼 이나 중요하다.

　나는 결혼이 노래를 만드는 과정과 같다고 생각한다. 마치 영화 <그 여자 작사 그 남자 작곡>처럼 함께 이면서도 각자 나누어진 한곡의 노래같다.

　두 사람이 함께 삶을 이어가듯 멜로디 뿐 아니라 그 가사에 있는 에너지가 합해지면 곡은 더 힘을 얻게 된다. 물론 어떤 곡은 가사 때문에 그 곡자체의 분위기를 반감시키기도 한다. 하지만 곡의 주제와 딱맞아 떨어지는 글로 표현된 가사가 있는 노래를 듣게 될 때 연주곡과는 전혀 다르게 노래는 우리들의 현재 삶으로 과감하게 넘어 들어온다.

음악은 흔히 우뇌의 영역이라고 이야기하고 노래 가사는 좌뇌의 영역이라고 생각할 수 있지만 마치 남녀 따로 였던 두 사람이 만나 부부가 되어 서로 다양하게 상호작용하게 되듯이 노랫말은 언어를 관장하는 좌뇌의 영역에서 벗어나 우뇌와 함께 춤을 춘다. 50대에 좌뇌를 다쳐 실어증을 앓은 음악가 모리스라벨은 이전의 자신이 작곡한 노래는 회상할 수 있었지만, 창조의 영역이라 알려진 우뇌를 다친 것도 아닌데, 새 노래를 더 이상 만들지 못했다고 한다. 음악은 좌우 뇌에 다 연결되어 있기 때문이다. 또한 음악 자체를 들을때 청각피질은 음악을 받아들이는 기능을 하고 언어처리를 하는 뇌의 브로카 영역은 음을 해석하는 것으로 보인다고 한다. 게다가 음악처리에는 시각피질도 사용되는데 상상속에서 이미지를 창조할 때 활동하는 영역도 활성화된다.

아울러 가수들을 대상으로 한 연구결과를 보면 노래를 부를 때 청각피질 영역과 촉감, 온도, 고통 등의 감각과 관련된 피부와 내장으로부터 입력을 받는 뇌의 두정엽 그리고 운동피질 영역이 활성화 되어 음정을 맞추는 역할을 하는데 이 부분들은 말하기와는 다른 영역들이라 할 수 있다. 노래 한 곡에 우리 전뇌가 움직이고 있다.

곡이 묘사하는 슬픔에 떠오르는 회상으로 눈물이 떨어지기도 하고 경쾌한 멜로디에 어깨를 들썩이며 입에 딱 붙는 가사를 그 자리에서 입으로 따라부르게 되기도 한다. 듣는 순간 즉각적인 감정을 일으키고 행동을 유발시키며 온 몸과 마음, 전뇌를 사용하여 조화를 이루는 순간이 음악이다.

비록 나는 남편의 곡에 작사 참여는 크게 못했지만 그가 음악을 만들

듯 살아가는 실제 삶에서 행복한 가사처럼 옆에서 기쁨을 노래하는 배우자가 되고 싶었다. 두 사람이 그렇게 함께 있을 때 내부에 묻혀있는 감정을 가진 하나의 '곡'이 자신을 표현하고 모두와 함께 나눌 수 있는 천개의 '노래'로 불려지는 삶에서의 창조를 함께 만들고 싶다.

결혼으로 얻게 되는 인간의 조화로운 삶의 순간은 바로 서로 다른 자신만의 노래를 고르지만, 함께 노래하며 화음을 맞추어 가는 일이라 생각한다. 음악으로 쾌감 중추를 자극하여 도파민 세로토닌이 발생하여 서로를 치유해주기도 하지만 예상과 다르게 가끔씩 일으키는 불협화음도 우리에게 필요하다는 것을 알게 되었다.

음악 감상 중 주로 나오는 예상된 화음이 출현하면 우리의 기대감은 충족된다. 그런데 음악이 항상 기대했던 방향으로만 진행하는 것은 너무나 재미가 없다. 수많은 작곡가는 듣는 사람들의 기대감을 좌절시키기도 하면서 화성 진행의 변주를 만들어내며, 사람들에게 놀라움 주어왔다. 그동안 많은 사람이 해왔던 평범한 선율에 다른 음을 내는 남편의 음악에 나는 실망하기보다 이제는 불협화음을 내는 것을 두려워하지 않고 목소리를 내기로 했다. 그것으로 우리는 잠시 휴식을 가졌다가 또다시 한 팀으로 노래하기도 하면서 각자의 선율과 노랫말을 이어갈 힘을 서로 얻어가는 진정한 팀으로 살게 될 것이다.

4-2

통합 - 소용돌이치는 태극무늬 속 살아있는 고유한 빛

내가 글을 쓴 동기는 내 자신을 글로 써야 볼 수 있어서였다.

그리고 뇌과학에 대한 지식을 알고 나니 육아가 도움이 될 때가 많았다. 그런데 지식을 통해 아이를 이해하려 해보니 책을 보면 볼수록 아이보다 나를 이해하는 게 먼저라는 것을 알게 되었다.

또한 남편과 나의 차이에 답답해서 좌뇌 우뇌에 대한 차이를 알아보았지만 결국 알게 된 건 어떤 형에 딱 틀에 맞는 인간 같은 것은 없었다. 그 틀도 남이 보는 방향과 자신이 보는 방향에 따라 정도가 달랐다.

내가 가진 생각의 패턴과 남편의 패턴이 다른 모양이라 우리는 퍼즐을 맞추듯 딱 맞아야 좋은 궁합일텐데, 우리는 잘 안맞는 것일까 고민할 때도 있었다. 함께 통합으로 하나가 되는 과정은 겹치듯이 자신의 반쪽이 상대의 반쪽으로도 넘어가는 마치 태극무늬로 시작한 소용돌이 같은 것이라는 생각이 들었다.

가족은 살면서 그 무늬가 점점 더 겹쳐진다. 완벽한 같은 원을 만들기는 힘들다. 게다가 딱 선 그으며 나의 일 너의 일 등으로 잘라 자신의 임무라고 말할 수 없는 게 가정 내에서의 살림과 육아의 상황들이다.

그리고 서로를 보완하면서도 자신이 전혀 갖지 않은 어떤 부분을 상대가 가지고 있다면 그것이야말로 고유의 색을 내는 부분이 될 것이다.

물들어 가지만 결코 물들지 않는 내 개성이 그와 내가 다르지만 그것이 나를 상대가 좋아하는 이유이다. 그것으로 가족은 서로에게 더 사랑을 표현하고 존중할 수 있게 된다.

아이와의 상호작용에는 그런 서로 간의 조화를 처음부터 만들기 시작하는 것은 엄마다.

하지만 아이가 성장하면서 계속 어린아이 돌보는 엄마에 머물러있거나 너무 모든 것을 해주는 방식에 서로 길들여져 있는 것이 문제라는 것을 나는 인식하지 못할 때가 많았다. 더 해주고 싶고 잘해주고 싶은데 왜 문제가 되나 하면서 말이다.

엄마가 된다는 것은 아이의 성장을 위해 해주고 싶은 것을 참는 것이 아주 많이 포함되는 줄은 몰랐기 때문이었다.

모든 것을 더 해주려고 하는 마음 가득으로는 아이가 자라지 못한다. 엄마가 하지 않아야 스스로 할 수 있게 되는 묘한 태극 무늬의 나눔. 자리싸움 같은 것이다. 아이가 원하는 만큼 더 성장하는 것을 바란다면 엄마는 자신의 성장을 돕는 일을 하는 것이 오히려 좋은 것이라는 것도 알게되었다.

극강의 천국체험이 있다면 누구나 원할 것이다. 그런데 그것만 있는 세상에서의 삶은 단조로울지도 모른다. 재미가 없다. 재미를 위해서 고통을 경험하려고 하는 인간의 어리석음일까?

천천히 알아가는 행복과 기억하는 과정에서 뇌가 확장되는 것의 즐거움을 즉, 배움의 즐거움을 느끼는 것도 좌뇌이다. 뇌는 작은 우주로 불리기도 한다.

완벽하게 왼쪽 오른쪽으로 나뉘어서 그것을 연결하는 뇌량으로 이어져 있는 구조를 가진 하나의 동그란 구이다.

태극무늬의 반반처럼 우리의 뇌도 그렇게 서로 다른 것을 담당하지만 또 같이 하는 부분이 있는 하나의 원의 모습을 하는 것이 묘하게 일치한다.

이것으로 부부와 가족의 모습을 대입한다면 그림이 그려질 것이다.

아이와의 관계도 그런 모습일 것이다.

그리고 전체 가족은 하나의 원 속에서 서로 조화를 이루며 소용돌이처럼 돌아가는 역동적인 모습을 가지는 것으로 그려볼 수 있을 것 같다.

단순히 하나가 좋다고 한곳에 모으기 그것에 만 기울이다보면 통합의 가치는 잘못 이해되어 다 섞여 아무 색이 나지 않는 회색이 돼버릴 것이다.

우뇌의 가치가 좋다고 현재에만 산다면 그것도 과거와 미래의 가치를 소홀히 하여 벌어지게 되는 문제들에도 자유롭지 않다.

핵심 가치를 가진 채 원으로 각자의 색으로 원하는 만큼 섞여 조화로운 삶을 사는 것을 기준으로 맞추고 사는 흐름을 모두 지속할 수 있으면 좋겠다.

더 소유하는 것 더 외부에서 무언가를 찾는 것이 아니라 우리 내부와 외부를 적절히 그리고 나와 가족이 서로 협력하는 것이 당연한 삶의 균형을 찾을 수 있을 것이라 믿는다. 일의 가치 사회적인 인정과 개인의 시간의 가치, 가족 사이에서의 도움을 주는 가치의 균형. 우리는 나와 가족이라는 작은 사회에서의 균형이 이루어지는 것의 노력부터 사회와 전 지구적인 안정을 이루어 낼 수 있는 가장 기본적 원리까지 뇌를 들여다보면서 알게 되는 것 같다.

4-3

선택
– 완벽하지 않아도 나은 방식, 채식

십여 년 전 베스킨라빈스의 손자 존로빈스의 책을 읽었다. 유산을 상
속받고 부를 누릴 수 있는 그가 진실을 알리려 쓴 두꺼운 책을 읽으며
놀랐고 나는 남편을 만나고 먹는 것에 관심을 가지고 채식을 하기 시
작했다.

신혼 때 만해도 채식을 한다고 하면 좀 까다로운 사람인가 하며 거리
를 두기도 하고 식사 중에 토론이 벌어지기도 했다.

그런데 이제 기후변화와 환경문제로 인간과 자연이 서로 연결됨을
실감하고 있는 현실이라 채식에 대해서도 인식이 많이 바뀌었다.

대량 생산을 위해 억지로 키워내는 육고기 공장에서의 문제를 알고
조금은 줄여보는 노력으로 한 끼 채식을 실천하자는 캠페인도 자주 보
인다. 각자가 완전히 식성은 못 바꾸더라도 그런 내용을 알고 있느냐

아니냐도 큰 변화라고 생각한다.

　나는 조금이라도 도움이 되는 것이 아예 안 하는 것보다 낫다고 생각한다. 재활용품을 아무 곳에나 버리기보다 분리수거 하는 쪽을 택하는 것이 낫다는 것이다. 육류 소비를 나 한 사람만이라도 평생 줄이겠다는 생각으로 완벽하지는 않아도 조금이라도 나은 방식을 선택했다. 채식에 대해 이야기를 꺼내지도 않았는데 반대 의견으로 자신의 입장을 밥상에서 계속 논쟁 하고 싶어 하는 분을 가끔 만나는데, 나의 선택으로 다른 사람이 죄책감을 주려 하는 것이 아닌데 오해를 불러일으키기도 한다. 어떤 가치를 추구하는 사람들은 완벽함을 강요받는 경우가 있다.

　용감한 선택을 칭찬하고 존중하면서도 그 사람의 조금의 빈틈을 발견하면 마녀사냥 하듯이 긁어내리고 형체가 남지 않도록 그들의 노력을 갈기갈기 찢어 비난한다.

　그래서 조심스럽다. 나는 완벽한 사람이 아니기 때문이다. 십 년 이상 남편과 내가 채식을 해오고 있지만 나는 비건채식을 하는 것은 아니고 생선까지는 먹는 페스코채식을 하고 있는 것도 그렇다. 완벽하게 환경을 보호하기에는 모순이 가득한 삶을 살기 때문이다. 남편은 비누를 쓰지 않고 씻고 머리를 감는 등 생활에서 세제를 거의 쓰지 않지만 나는 살림을 하면서 그것이 잘 안될 때가 많다.

　완벽한 친환경 삶은 현실에서 너무나 어렵다. 《월든》의 소로우처럼 숲에서 사는 삶을 택해서 살기도 힘들고 너무 닮고 싶은 타샤튜더의 삶처럼 주택에서 아이들과 작은 마당정원을 가꾸고 있지만, 여름만 되면 무성한 잡초와 씨름하느라 꽃이 사계절 이어지는 정원은 고사하고, 쑥대밭이 되기 일쑤다.

　누구나 생각한 대로 완벽히 삶을 이루어 내기 힘들지만 그 모순된 현실을 보면서 내가 오늘 조금이라도 할 일들을 찾아내고 행동하는 것의 가치를 아는 것이 중요하다 생각한다.

아이들에게는 현재 채식을 전혀 강요하지 않는다. 자신의 선택으로 세상에 영향을 미치는 연결된 지구의 삶을 아이들도 천천히 배워간다. 그리고 나중에 완벽하지 않아도 더 나은 선택을 스스로 할 것으로 믿고, 기다려 줄 것이다. 엄마, 아빠가 중요한 가치로 여기는 행동의 가치를 아이들은 옆에서 보고 자라고 있을 테니 말이다. 서울대 보낸 엄마, 영재를 길러낸 엄마 등등의 업적 등 눈에 띄는 결과를 가진 엄마만 높이 평가하는 경향을 우리는 알고 있다.

완벽하지 않은 엄마지만, 아이를 낳고 보살피는 엄마라는 그 자체만으로도 가치가 충분하다고 인정해 주는 사회가 되면 좋겠다. 그 다음은 모두가 사실 인간으로서 불완전 하다는 것 그것을 인정하고 함께 책임지고 아이들을 돌보는 것에 함께 에너지를 집중해주는 사회가 되었으면 좋겠다.

100퍼센트 완벽한 선택이 아니더라도 10퍼센트라도 나은 선택이 10명이 모이면 100을 만들어 갈 수 있을 것이다. 완벽하지 않아도 천천히 나은 방식으로의 변화에 희망을 품어본다.

조화
– 각자의 개성대로 핀 들꽃처럼 섞인 아름다움

　오랫동안 아침에 일어나면 미지근한 물 한잔을 마셔왔다. 그러나 그냥 미지근한 물이 아니다. 끓인 물 1/2에 냉수 1/4을 다음에 붓는 것이다. 순서가 중요하다고 한다. 양기의 온수는 올라가는 성질과 음기의 냉수는 아래로 내려가는 성질이 서로 급격하게 섞이면서 물로 만든 보약 생숙탕을 만든다. 다른 말로 음양탕이라고도 한다. 이렇게 동의보감에서 이미 선조들이 자연의 이치를 이용해 물 한잔도 약으로 써서 생활에서 건강을 지켜왔다고 한다.

　또한 한류와 난류가 만나는 동해안은 조경수역지역으로 물고기가 많이 잡힌다는 것도 학창시절 배워왔다. 그리고 가까이에서는 목욕탕에 가면 건강을 위해 냉온욕을 하며 건강을 지켜오는 분들을 쉽게 접해왔다.

우리 집에서는 아이들이 풍욕을 좋아한다. 속옷만 입고 아이들과 같이 이불을 덮어쓰고 수를 세고 참다가 시원한 이불 밖으로 나가서 스트레칭하거나 춤을 추기도 한다. 서늘함을 견디고 또 수를 세고 다시 따뜻한 이불속으로 얼른 들어와 꼭 안아주며 몸을 따뜻하게 하기를 반복하는 풍욕놀이는 아기 때부터 지금까지 아빠와 아이들이 하는 즐거운 놀이가 됐다. 아이들은 추위와 더위의 극단을 느끼며 한쪽을 느끼기 위해 다른 한 쪽이 필요한 양극단의 중요성을 피부로 체험하면서 논다.

양극의 조화는 두 쪽이 다 함께함으로 인해 각각의 특별함을 더 체험할 수 있게 되거나 새로운 것을 창조해 내기도 한다.

서로 관련이 없을 것 같은 이종 간 다양한 분야가 서로 융합하여 독창적인 아이디어나 생산성을 발휘하여 시너지를 창출하는 것. 바로 창조적인 인재를 만드는 환경이다.

어느 날 남편이 국악방송에서 하는 심사위원을 간다고 집을 나서고 있었다. "국악방송에 대중음악 작곡가가?"하고 놀랐는데 알고 보니 우리 국악이 이렇게 변화를 시도하고 있었다는 것을 아이를 키우는 몇 년간 나는 전혀 모르고 있었다.

이날치의 획기적인 유행도 전혀 모르고 있었다. 한국관광공사 홍보 영상이 이렇게 높은 조회수를 얻다니. 팝포멧을 가지고 판소리를 들려주는 이날치와 완전히 새로운 스타일의 춤을 추면서 전통인지 시장에서인지 B급 문화 같은 파격적인 의상을 입은 안무팀 앰비규어스댄스컴퍼니가 함께 만든 뮤직비디오가 전세계의 관심을 받게 된 비결은 무엇일까? 아마도, 사람들이 그 다름 속의 조화에 즐거웠기 때문일 것이다. 이날치밴드 자체의 탁월한 판소리 실력과 음악은 그들의 팝아트 같은 패션을 만니 그 자체로 예술작품처럼 느껴졌다.

판소리가 이렇게 세련될 수 있다니 세상의 편견을 깬 그들의 목소리에 대중이 놀라고 새로운 판소리 음악으로 대중의 관심이 확대되는 시너지 효과를 거두고 있다.

좌뇌 우뇌, 남과 여, 기쁨과 슬픔, 선과 악, 삶과 죽음. 끝없는 양극단이 존재하지만 실제로 어둠과 빛처럼 서로가 있어서 서로를 볼 수 있게 하는 반대의 조화는 우리가 살아가면서 계속 함께 경험해야 하는 삶의 이야기들일 것이다.

우리는 서로 다른 사람과 만나 자신을 보면서 상호작용을 하며 삶의 이야기를 만들어 간다. 독방에 갇히는 게 가장 큰 형벌인 이유가 그것이다.

우리는 나 말고 누군가 한 사람이 더 필요하다. 자신과 다른 사람과의 차이로 자신을 더욱 더 잘 알게 된다. 차이는 고통보다는 축복으로 받아들일 수 있다. 새로운 창조의 시너지를 내기에 가장 적절한 환경인 것이다.

태어나자마자 가슴에 올려주었더니 울음을 그치고 처음으로 눈을 뜨려고 눈썹을 올리며 고개를 움직이던 아이가 기억난다. 엄마 심장소리를 듣고, 바로 울음을 그친 아이에게 작은 목소리로 노래를 불러주고 따뜻하게 안아주었다.

엄마와의 상호작용은 인간으로 태어나 가장 처음으로 일어난다. 아이에게 따뜻한 포근함을 주어 편안함을 느끼게 하고, 앞으로의 세상에 대한 보호막을 만들어주는 관계가 엄마와의 관계이다. 아이는 일정 기간 엄마를 자신과 분리된 존재라는 것을 알지 못할 정도로 가깝게 느낀다.

다음으로 아빠가 아이를 만난다. 아이에게 아빠는 첫 번째 만나는 타인이다. 아이는 아빠와의 원만한 상호작용이 기초가 되어 타인과의 관계를 형성해 나간다고 한다. 그 두 관계가 따로따로 중요하지만, 엄마 아빠의 차이로 만들어가는 조화로운 환경에서 서로의 시너지를 만들어내는 아이와의 결합은 얼마나 더 많은 가능성을 만들어 낼 수 있을까?

그리고 아이 혼자만의 세계도 중요하다. 아이는 그 시간동안 자신이 경험한 세계를 돌아보며 재창조해 내는 시간을 가지는 것이다.

좋은 경험도 나쁜 경험도 아이와 함께 해결해 나가는 과정을 계속 연습하는 것이 부모가 되는 과정이다. 그리고 아이는 자라 세상으로 나아가 새로운 환경에서 자신과 타인 속에서 진짜 자신을 발견하며, 스스로 크게 성장할 것이다.

연결
- 우린 연결되어 있으니까

좌뇌와 우뇌도 연결되어 있고, 어린 뇌와 어른 뇌도 함께 연결되어야 한다.

좌우 뇌를 이어주는 뇌량이라는 물질적인 연결 혈관이 없이 우리는 마음으로 이어진 혈관인 사랑으로 아이와 접촉하고 아이에게 사랑을 보내고 눈빛을 교감한다. 그것이 이루어지는 장소는 바로 우리 집이다.

그것은 멀리 비행기에서 바라볼 때 한 점으로 보이는 그곳 우리 집 방에서 일어나는 작고 작은 어떤 전기적인 원자들의 결합에 의해서 이루어지는 것이다.

양자 역학에서 말하지만 우리의 원자를 보면 그 사이에는 아무것도 없다고 한다.

우리는 딱딱하게 만져지는 물체처럼 우리들의 피부를 인식하지만 사실은 우리 세포 사이는 큰 공간이 있고 그 사실을 인식한다면 나와 아이의 사이의 거리는 떨어져 있지만 비행기에서 보는 것처럼 그 둘은 함께 있는 것이다. 하루 종일.

어른이 될 때까지 한 몸처럼 영향을 주고받고 뇌를 변형시키기까지 하는 부모라는 사람이 주는 영향은 얼마나 클까? 나는 어떤 마음으로 나의 작은 세포를 바라보고 싶은가?

나와 관계된 사람들과 아닌 사람들을 나누며 사는 현실에서 결국은 다 연결된 지구라는 공간에 살지만, 모든 사람이 다 가족이니 다 신경 쓰면서 살라고 강요한다면 어쩌면 분리가 익숙해진 우리에게 너무 불편한 삶이 될 것이다. 그래서 적절한 익명성의 공간속에 숨는 것은 현대인들에게 편안함을 주기도 한다.

대학 시절, 홍대에 있던 카페 '섬' 이란 곳에는 단 두 줄로 외로움과 소통에 대한 바람이 느껴지는 정현종의 <섬>이라는 카페 이름과 같은 시가 쓰여있었다.

지금처럼 다들 섬처럼 떨어진 집에 사는 사람들 사이에는 연결이 필요하다. 그 섬에 가고 싶다는 마음만으로 그냥 섬에 쳐들어가서야 아무도 반겨주지 않는 시대. 이런 시대에는 아이를 키우는 엄마도 섬이 되어 살고 있다.

책은 좌뇌 우뇌로 나누고 줄 곳 그 특징과 그런 성향에 관해 느낀 점과 변화하고 싶다는 이야기를 썼다. 그러나 진짜 이야기하고 싶은 것은 인간의 성향을 좋은 방향으로 바꾸려 노력하자는 말이 아니다. 그것을 그대로 가진 채 살아야 한다고 이야기하고 싶다.

인간의 각자의 독특한 뇌를 그대로 가진 채로 우리는 바꿀 필요가 없다. 그대로 서로가 다양하게 얽혀있는 세상에서 연결된 상태를 유지하며 그 다른 모습을 그대로 발현해도 모두가 인정해 주는 사회로 살고 싶기 때문이다.

뭔가의 목표에 맞추어 나를 바꾸어야 한다는 압박으로 사는 것에 모두 달려가다 보니 고통이 생기는 현대의 모든 정신적인 문제들을 보게 된다. 우리는 세상이 아무리 과학기술이 발달하고 우리가 뇌에 대해 많이 알게 되더라도 평가하고 분석하는 좌뇌 그대로를 가지고 사는 이상 우리는 다른 사람과의 비교 하지 않고 고통에서 벗어나 유유히 사는 것은 무인도에서 살지 않는 이상 너무 힘들다.

하지만 우리는 이런 우리 뇌의 특징들을 가지고 있기 때문에 어쩌면 다른 타인에게 연민을 느끼며 도움의 손길을 더 적극적으로 뻗을 수 있을지 모른다. 그래서 비교와 분석하는 좌뇌의 특징을 조금 더 연결을 위한 생각으로 사용하는 것은 어떨까? 현실에서 부모가 교육과 인성 창조력을 누군가와 비교하는 차원이 아닌 다른 이들을 돕고 세상을 이롭게 하는 방향으로 조금 더 나아가는 모습을 보인다면 아이들도 그런 부모를 거울처럼 따를 것이라고 믿는다.

MBC라디오에서 환경 콘서트를 위해 환경에 관한 메시지를 전하려 남편에게 음악을 부탁해 만들었던 노래가 있다. 그때 당시 MBC 라디오 DJ로 활동한 양요섭, 산들, 정승환 세 사람이 부른 <연결되어 있으니까>는 음원수익금이 전액 기부되었다. 좋은 목적으로 만드는 노래이며 평소에 관심이 있던 주제로 노래하는 것에 남편은 평소와 다르게 더 신나게 곡을 몰입해서 썼다고 한다.

인류 최고의 목표는 연결이어야 한다고 생각한다.

네가 나의 일부이듯 나도 너의 일부이고 네가 고통받을 때 나도 행복할 수가 없고 네가 실패한다면 나도 성공할 수 없다는 것 둘중 누구라도 슬픔에 빠져있으면 우리는 함께 위로하며 도와줄 거라고 믿고 있다.

이렇게 할때 우린 마치 섬처럼 바다로 갈라져서 떨어진 것 같아도 외롭지 않을 수 있고 우리사이에 깊이 파여있던 그 바다 밑바닥 사이로 원래부터 연결된 우리들의 모습을 기억해 낼 수 있을 것이다.

떨어져 있던 대륙은 원래 연결되어있다. 바다로 잠시 가려졌을 뿐이다. 사랑은 우리를 하나로 만들어 줄 수 있을 것이다.

우리는 원래 연결된 하나였는데 연결하려고 노력하는 것 자체도 사실은 필요 없다. 가려진 바다 밑이 지금 보이지 않아서 단지 모를 뿐이었던 것이다. 사랑은 서로를 다르고 틀리다고 밀어내려고 하는 충동을 없어지게 한다. 내가 말하고 싶은 것은 이것이다. 모두가 다 똑같이 평등하자는 것이 아니라 함께 연결되어 모두가 서로 가장자리로 밀려나지 않고 모두가 사랑하고 사랑받는 것이 우리들의 목표가 되었으면 한다.

열정과 용기
-흔들릴 수 있는 용기로 춤을 추다

남편이 편곡하던 곡의 확인을 위해 음악을 듣고 있었던 것 같았다.

그런데 뭔가 깔깔 소리가 나고 우당탕 쿵쿵 방에서 난리가 난 듯 했다. 설거지를 마무리하고, 방으로 갔더니 아이들을 재우러 아이들 방에 간 남편이 땀이 나도록 아이들과 춤을 추고 있었다. 좁은 아이 방에 셋이 서로 부딪힐 정도로 큰 몸짓의 격렬한 춤에 나는 너무 웃겨서 깔깔 웃다가 동영상으로 남기다가 보니. 나는 언제나처럼 아이들을 찍어주고 사진 속에 남기느라 그 속에 들어가 있지 못했다. 크고 나면 모든 경험을 남긴 추억 속 사진과 영상을 엄마가 남겨둔 것을 소중하게 생각하겠지만아이들의 기억속에는 함께 춤 춘 사람으로는 기억나지 않을 것 같다.

그리고 무엇보다도 그들의 깔깔거림 속에 나도 다 버리고 그 안에 들어가 춤추고 싶다. 딸아이는 부끄럽다며 소극적으로 춤을 추다 말다 했지만, 엄마의 참여에 점점 신이 나서 중앙을 차지하더니 온몸을 불사르듯 춤을 추었다. 서로가 부딪히는 순간 대형사고가 날 정도의 에너지였지만 신기하게 아무도 다치지 않았다. 웃으며 뱅글뱅글 그리고 온 팔과 다리를 다 털고 뛰어대는 자유롭고 파워풀한 몸짓, 거기에 음악이 너무나 절묘하게 맞춰주듯 멈췄다, 울렸다 하며 우리는 멈추지 않을 것 같던 춤을 멈췄다가 다시 추었다. 끝이 안 나게 반복되던 음악과 춤, 그러나 음악은 진짜로 끝이 났다. 그러나 아이들은 "또!또!또!" 하며 그들의 흥분을 멈출 수 없어 모든 것을 다 태울 듯 살아있는 눈빛으로 요구했다.

그 긴 곡은 5번도 넘게 반복되었다.

부모와 함께 미친 듯이 발산하는 자신의 에너지를 느끼며 자유로움 속에 깔깔 서로의 모습을 보는 것은 아이들에게 엄청난 행복한 경험으로 몸 곳곳에 남게 될 것이다. 숨넘어갈 듯 웃으며 온몸이 표현하지 못한 것은 없는 듯이 자신을 흔들어대며 자신과 서로의 에너지를 느꼈다.

나는 이 멈출 듯 반복되는 음악의 패턴처럼 우리의 삶이 즐겁거나 때로 예상치 못한 변화가 오더라도 몸을 맡기고 이렇게 계속 타오르듯 함께 춤출 수만 있었으면 한다.

이 순간을 영원처럼 느끼듯 삶을 춤추고 있는 이 순간으로, 타오르는 열정과 서로의 에너지를 느끼며 살고 싶다.

흔들리지 않고 살겠다는 것은 그냥 고집에 불과하다. 이런 나를 보고 받아들이고 그대로 바라보는 자체만으로도 다음 단계의 인생의 행복 단계로 들어가 있는 것이다.

나의 시금의 단계는 초등학생 아이를 키우는 엄마의 분주한 삶일 지도 모른다. 하지만 모든 단계가 다시 반복되기도 한다.

자동반사적인 패턴의 삶을 내가 인지하지 못하고 그대로 이어간다면 고민은 계속되며 뫼비우스의 띠처럼 돌고 있는 인간의 고통 속에 허우적거릴 것이다.

하지만 이제는 조금 떨어져서 보고 싶다. 나의 어리석음을 보고 현명함도 알아채고 그 속에서 행복하기도 하고 고통받기도 하는 모습을 조금 떨어져서 바라보고 있다 보면 묘하게 삶의 반복을 감지하게 된다. 내 패턴을 인식한다. 흔들리며 결국 균형을 잡아가는 나를 발견한다. 하지만 다시 흔들려 버리는 순간이 또 시작된다. 묘하게 다르지만 비슷한 패턴의 삶의 역동적인 흐름 말이다.

조금 떨어져서 바라보고 나니 이제 삶의 끊임없는 패턴 속에서 어떻게 할 것인지 내가 정하고 움직이는 것이며 오로지 그 선택을 하고 용기 있게 몸을 맡길 때 행복한 순간이 오는 것을 느끼고 있다.

내가 몸인지 몸이 나인지 모를 정도의 내맡긴 마음으로 신나게 춤을 출 것인가?

딱딱하게 굳은 채 저항하고 거부하는 몸짓으로 속으로 표현하지 못한 욕구에 슬퍼하며 시간을 보낼 것인가? 후회하고 싶지 않다. 아이들과 당장 이 순간 춤을 추고 싶다.

4-7

꿈
- 내일을 함께 꿈꾸는 가족

아이들과 함께 새로운 꿈을 꾸다

십 년 전 부터 나는 보물지도를 만들어왔다. 올해는 새로운 보물지도를 가족과 함께 만들었다.

보통은 각자가 따로 해야 하지만 아이들과 보물지도 만드는 연습하는 느낌으로 첫 가족 보물지도를 만들어보았다. 1월 1일마다 그해의 이루고 싶은 것들을 생각해보고 나누는 시간을 갖는 것도 의미있기 때문이다.

나는 은근히 기대했지만 아이들이 생각한 '꼭 이루고 싶은 일'중에 (엄마가 바라는)공부 계획 같은 것은 당연히 있을 리가 없다. 나는 아이들 나름대로 써내려가는 줄넘기 목표, 다양한 만들기 작품계획, 고양이 돌보는 상세계획, 코딩으로 만들고 싶은 게임 목록 등 아이들이 요즘에 가장 좋아하는 것은 무엇인지 마음을 들여다볼 수 있어서 즐거웠다. 그들의 마음속에 작지만 힘들것 같았던 것들이 성취되는 순간, 그때 그들에게 들어오는 반짝이는 불이 어떤 빛일까 궁금했다. 과연 노력은 어느 정도 하게 될까 궁금했다. 그런데 1월 둘째 주가 되지도 않았는데 줄넘기 목표는 그 수준을 아주 빨리 초과했고 그 이상의 높은 목표를 다시 세워야만 했다.

아이들이 자주 볼 수 있는 곳에 포스트잇을 붙여서 마인드맵처럼 만든 간단한 보물지도였지만 엄마의 보물열매들과 아빠의 보물열매를 같이 공유해서 가족의 성취경험을 나란히 볼 수 있게 만들어서 그런지 아이들이 상당히 진지하게 그 과정을 노력하며 이루는 것을 서로 자랑할 수 있어 좋았다. 목표를 주고 이룰 수 있도록 칭찬 스티커와 용돈 같은 보상을 이용한 성취도 좋았지만 스스로가 만들어둔 일 년 동안의 즐거운 목표는 보상이 없어도 생각만 해도 또 도전하고 싶게 만드는 매력이 있다.

해야만 하는 일상에 잠시 잊고 있다가 자신이 좋아하는 것, 가슴 뛰는 일에 다시 주의를 집중하는 시간을 통해서 지나가버릴 수 있는 기회를 무의식중에 포착하는 것이다. 그리고 그것이 하나씩 이루어지는 과정을 통해서 작은 성취감을 느끼게 되어 자신감이 생기고, 하나가 이루어질 때마다 더 강력해지는 에너지를 실감하면서 내가 생각했던 것보다 더 큰 일도 해낼 수 있다는 내면의 힘을 깨닫게 하는 효과가 있다.

꿈을 이루는 자체보다 현재 이미 이루어진것처럼 감사의 마음을 온몸으로 느끼며, 과정을 즐기는 데에서 더 큰 기쁨이 찾아올 것이다. 스스로 선택한 방식으로 온전히 순간을 살면 매일이 기적이 되는 깨달음을 가족보물지도와 함께 경험해 보자.

비전 보드 만들기

1. 이미지와 확언을 한눈에 볼 수 있게 조금 큰 두꺼운 보드 (콜크보드 또는 폼보드 등)를 준비한다.
2. 한 가운데에 크게 나의 웃는 사진을 붙인다. 그리고 그 주변으로 이미지와 확언을 붙인다. 이미지는 자신이 생각한 것과 가장 비슷한 것을 고르거나 유명인이나 제품 등을 붙일 수 있다.
3. 이미지와 꿈의 기한을 함께 붙여둔다.
4. 제목을 적는다. 이루고자 하는 목표와 관련 있는 수식어를 넣고 자신의 이름을 쓴다.
5. "다 이루어졌습니다! 감사합니다!" 를 붉은색으로 세 번 쓴다.
6. 잘 보이는 곳에 두고 자주 떠올린다. 휴대폰으로 찍어두고 메인사진으로 한다.
• 꿈을 표현할 때 몸과 마음에 긍정적인 영향을 미치도록 만드는 것은 물론이고 다른 사람의 행복을 비는 꿈을 꾼다면 이루어질 확률이 높아진다. 우리 자신과 인생의 제한 없는 믿음을 가진다면!

무한한 우리 아이의 뇌
그리고 그것을 만드는 부모의 뇌

우리의 전통육아의 가치는 아주 소중하다. 나는 아직 전통육아의 놀라운 단동십훈(단동십훈: 한국의 전통 육아법으로 아기를 어르는 방법이다. '도리도리', '곤지곤지', '지암지암(잼잼)', '짝자쿵(작작궁)' 등의 놀이로 아기의 뇌 인지를 발달시키는 놀이이기도 하다), 포대기의 스킨십 육아가 최고라고 생각한다.

하지만 과학적 사실들이 시대에 따라 다르게 적용되어 육아의 방식이 꽤 많이 바뀌며 아이들은 그 상황의 희생양이 되기도 했다.

정보와 과학은 중요하다. 하지만 내가 말하고 싶은 것은 그것을 도움으로 해서 볼 것은 육아법이 아니라 내 자신을 알아보는 것이 중요하다는 것이다.

부모 두 사람의 차이를 알고 나면 아이를 키울 때 오히려 더 다양한 상호작용을 해주며 개성을 발전시켜줄 수 있다. 너무나 달라 보이는 두 사람이 만나기도 하고 엇비슷한 성격의 두 사람이 만나기도 한다. 아무리 오래 연애기간이 길어도 결혼하고 얼마 안 있어 헤어지는 경우도 종종 볼 수 있다. 사람의 차이는 크든 작든 있겠지만 그것을 개성으로 인정하고 보느냐 나와 달라 저 사람은 틀렸다고 보느냐는 삶의 질에 큰 영향을 준다. 차이를 인정하는 균형 있는 관점을 가지는 방법은 대화와 공감 그리고 자신에 대한 성찰을 닦아 나가다 보면 점차 가능해질 것이다. 아이들은 부부의 다른 모습에 자신을 바라볼 수 있게 된다. 아이의 재능과 성격 등 타고난 유전적 부분도 있겠지만 부모의 상호작용 결과로 일으키는 후천적인 변화는 뇌를 구조적으로 바뀌게 할 정도로 강력한 힘을 가지고 있다.

뇌과학으로 우리가 기억해야 할 것은 신경가소성을 내 삶에서 계속 발견해가는 것이다. 신경가소성 만큼 희망을 주는 과학이 없다고 생각한다. 우리가 관심을 기울이고 주의를 집중하거나 휴식을 취하는 자신만의 연습이 우리 뇌를 점차 바꾸어 가는 것이다. 만약 삶의 마지막에 우리들의 뇌를 열어 보여주며 총천연색 빛깔로 움직이는 모습을 생생히 볼 수 있는 영화를 상영해준다면 어떨까? 나는 나만의 고유한 모양의 물결과 춤을 감상하고 싶다. 나의 인생의 드라마를 뇌에 세기는 순간의 기록들이 어마어마한 정보의 양으로 스며들어있는 신비로운 뇌에 무한히 접속

하고 싶다.

우리의 삶을 마음에 들게 계속 만들어가며 순간을 창조하는 방식으로 모든 행동을 집중하는 것은 아이들을 키우는 부모로서 말로 가르치는 것이 아니라 아이들 스스로 배우게 해야 할 것이다. 아이들은 부모의 거울이다. 거울처럼 나를 비추는 아이들이다. 아이들 앞에서 만들어진 완벽한 모습만 보이려는 부모는 더 어렵게 만들 뿐이다. 실제로 부모도 변화하는 모습을 직접 보여주고 실감하고 아이들과 나누면 어떨까?

아이는 거울신경세포로 부모의 모습을 흡수할 것이며 부모와 아이 원래 이 별에 온 목적을 기억하며 자연스러운 방식으로 충분히 내가 잘하는 것들을 펼치며 사람들과 나누는 가운데 삶의 예술 작업을 행복하게 평생 이어갈 것이다.

아이를 낳아 기르는 일 자체만으로서 우리는 소중한 생명의 창조를 이미 도운 엄마다.

나는 이 책을 쓰는 것으로서 창조하는 일을 하고 싶었다는 내 인생 또 다른 이야기를 시작했다. 아이 부모 할 것 없이 모든 사람들이 자신의 뇌를 들여다보고 마음을 들여다보면서 삶을 자신만의 방식으로 창조하는 시간을 가졌으면 한다. 개성 넘치는 인간으로 세상을 꽉 채울 미래를 그려보며 엄마들의 창조 이야기들을, 서로 나눌 기회가 많아졌으면 한다.

음악: 악기를 먼저 배우려 들지 말 것 듣기가 먼저, 조기집중교육보다 다양한 악기로 노는 환경 만들기

집밥: 뇌를 키우는 사랑 한그릇 소박한 집밥을 자신 있게 차리기

책 : 책은 부모와 아이 마음의 연결고리이자, 최고의 선물

체험: 특별하지 않은 것도 체험이다 언제나 일상속의 긴 호흡으로 관찰하는 삶

놀이: 스토리텔링이 되는 가족 놀이 만들기. 장난감보다 아이 스스로 만드는 놀이.

미술: 준비된 키트로 따라 만들기보다 현실에서 창조하는 진짜 예술가 되기

말 : 과정에 대한 바른 칭찬, 비폭력대화, 공감, 경청, 지지 ,감사

몰입: 한 가지에 빠지는 경험이 뇌 발달에 최고.

재미: 긍정적인 면을 보는 습관형성, 모든 것의 동기를 만드는 재미

운동: 공부보다 운동이 뇌성장에 필요

집: 안전, 편안함, 자유, 창의성, 독립, 연결, 언제나 나를 찾으러 돌아오는 곳

자연: 좋고 나쁨이 없고 틀리고 맞고 없는 세상의 이치를 자연으로부터 스스로 배우기

자발성: 행동으로 이끌어주는 내적 동기유발이 핵심

명상: 부모의 명상시간은 CEO들의 명상시간 만큼 중요 아이보다 먼저 나를 돌보기

여행: 패턴을 부수는 새로운 경험, 느리게 걷는 긴 호흡의 여행 둘 다 중요

관계 : 나와 연결된 관계인식으로 확장된 사랑표현 내 주변의 사랑부터 시작

단순한 삶 : 비울수록 보이는 자신의 내면, 집과 내면의 주기적 청소루틴

지금 이 순간 : 망설임, 걱정, 후회보다 지금 이 순간에 깨어있기에 이 순간만 있을 뿐

우리 아이의 엄마는 나 하나지만, 나와 같은 고민을 하는 엄마는 많다.
결코 당신 혼자 겪는 문제가 아니다. 소통하고, 연대하자.
엄마는 결코 외롭지 않다.

가족은 연결되어 있다.
내 행복이 아이에게 전달되면 내 아이는 행복한 아이로 자란다.
내가 짓는 표정, 행동을 우리 가족은 공유하고 있다.
잊지 말자 내가 밸런스를 잃으면 가족이 흔들린다.

좌뇌우뇌
밸런스 육아

초판 1쇄 펴낸 날 | 2021년 7월 16일

지은이 | 차영경
펴낸이 | 홍정우
펴낸곳 | 브레인스토어

책임편집 | 양은지
편집진행 | 차종문, 박혜림
디자인 | purple, 황단비
마케팅 | 김에너벨리

주소 | (04035) 서울특별시 마포구 양화로 7안길 31(서교동, 1층)
전화 | (02)3275-2915~7
팩스 | (02)3275-2918
이메일 | brainstore@chol.com
블로그 | https://blog.naver.com/brain_store
페이스북 | http://www.facebook.com/brainstorebooks
인스타그램 | https://instagram.com/brainstore_publishing

등록 | 2007년 11월 30일(제313-2007-000238호)